“大数据应用开发（Java）”1+X 职业技能等级证书配套教材
蓝桥学院“Java 全栈工程师”培养项目配套教材

数据库技术应用

国信蓝桥教育科技（北京）股份有限公司 组编

郑 未 段 鹏 编著

電子工業出版社
Publishing House of Electronics Industry
北京·BEIJING

内 容 简 介

本书是“大数据应用开发（Java）”1+X 职业技能等级证书配套教材，同时也是蓝桥学院“Java 全栈工程师”培养项目配套教材。全书共 10 章，以 MySQL 数据库的概念和基本操作为基础，结合作者的实际开发经验，系统地介绍了 MySQL 数据库的使用方法，重点突出对数据的操作、对数据对象的管理和对数据库的维护，最后介绍了目前主流的 NoSQL 数据库。本书内容丰富实用，语言通俗易懂，章节设计合理，配套资源齐全，从零基础开始讲解，尽可能降低初学者的学习门槛。

本书直接服务于“大数据应用开发（Java）”1+X 职业技能等级证书工作，可作为职业院校、应用型本科院校的计算机应用技术、软件技术、软件工程、网络工程和大数据应用技术等计算机类专业的教材，也可供从事计算机相关工作的技术人员参考。

图书在版编目（CIP）数据

数据库技术应用 / 国信蓝桥教育科技（北京）股份有限公司组编；郑未，段鹏编著. —北京：电子工业出版社，2021.5

ISBN 978-7-121-41105-2

Ⅰ. ①数… Ⅱ. ①国… ②郑… ③段… Ⅲ. ①关系数据库系统－高等学校－教材 Ⅳ. ①TP311.138

中国版本图书馆 CIP 数据核字（2021）第 080036 号

责任编辑：程超群
印　　刷：三河市鑫金马印装有限公司
装　　订：三河市鑫金马印装有限公司
出版发行：电子工业出版社
　　　　　北京市海淀区万寿路 173 信箱　邮编：100036
开　　本：787×1 092　1/16　印张：13.5　字数：345.6 千字
版　　次：2021 年 5 月第 1 版
印　　次：2021 年 5 月第 1 次印刷
定　　价：49.00 元

凡所购买电子工业出版社图书有缺损问题，请向购买书店调换。若书店售缺，请与本社发行部联系，联系及邮购电话：（010）88254888，88258888。

质量投诉请发邮件至 zlts@phei.com.cn，盗版侵权举报请发邮件至 dbqq@phei.com.cn。

本书咨询联系方式：（010）88254577，ccq@phei.com.cn。

序

国务院 2019 年 1 月印发的《国家职业教育改革实施方案》明确提出，从 2019 年开始，在职业院校、应用型本科高校启动“学历证书+若干职业技能等级证书”制度试点（即“1+X”证书制度试点）工作。职业技能等级证书，是职业技能水平的凭证，反映职业活动和个人职业生涯发展所需要的综合能力。

“1+X”证书制度的实施，有赖于教育行政主管部门、行业企业、培训评价组织和职业院校等多方力量的整合。培训评价组织是其中不可忽视的重要参与者，是职业技能等级证书及标准建设的主体，对证书质量、声誉负总责，主要职责包括标准开发、教材和学习资源开发、考核站点建设、考核颁证等，并协助试点院校实施证书培训。

截至 2020 年 9 月，教育部分三批共遴选了 73 家培训评价组织，国信蓝桥教育科技（北京）股份有限公司（下称“国信蓝桥”）便是其中一家。国信蓝桥在信息技术领域和人才培养领域具有丰富的经验，其运营的“蓝桥杯”大赛已成为国内领先、国际知名的 IT 赛事，其蓝桥学院已为 IT 行业输送了数以万计的优秀工程师，其在线学习平台深受院校师生和 IT 人士的喜爱。

国信蓝桥在广泛调研企事业用人单位需求的基础上，在教育部相关部门指导下制定了“1+X”《大数据应用开发（Java）职业技能等级标准》。该标准面向信息技术领域、大数据公司、互联网公司、软件开发公司、软件运维公司、软件营销公司等 IT 类公司、企事业单位的信息管理与服务部门，面向大数据应用系统开发、大数据应用平台建设、大数据应用程序性能优化、海量数据管理、大数据应用产品测试、技术支持与服务等岗位，规定了工作领域、工作任务及职业技能要求。

本丛书直接服务于职业技能等级标准下的技能培养和证书考取需要，包括 7 本教材：

- 《Java 程序设计基础教程》
- 《Java 程序设计高级教程》
- 《软件测试技术》
- 《数据库技术应用》
- 《Java Web 应用开发》
- 《Java 开源框架企业级应用》
- 《大数据技术应用》

目前，开展“1+X”试点、推进书证融通已成为院校特别是“双高”院校人才培养模式改革的重点。所谓书证融通，就是将“X”证书的要求融入学历证书这个“1”里面去，换言之，在人才培养方案的设计和实施中应包含对接“X”证书的课程。因此，选取本丛书的全部或部分作为专业课程教材，将有助于夯实学生基础，无缝对接“X”证书的考取和职业技能的提升。

为使教学活动更有效率，在线上、线下深度融合教学理念指引下，丛书编委会为本丛书配备了丰富的线上学习资源。获取相关信息，请发邮件至 x@lanqiao.org。

最后，感谢教育部、行业企业及院校的大力支持！感谢丛书编委会全体同人的辛苦付出！感谢为本丛书出版付出努力的所有人！

郑　未

2020 年 12 月

丛书编委会

前　言

数据库技术是现代信息技术的重要组成部分，被广泛应用于各个行业。随着信息技术水平的不断提高，无论是数据库技术的基础理论、数据库技术的应用、数据库系统的开发，还是数据库软件的研发，都有了长足的进步与发展。数据库技术也是目前 IT 行业中发展最快的领域之一，各类技术层出不穷。了解并掌握数据库前沿知识已经成为对各类研发人员和管理人员的基本要求。

本书是“大数据应用开发（Java）”1+X 职业技能等级证书配套教材，同时也是蓝桥学院“Java 全栈工程师”培养项目配套教材，主要介绍 MySQL 数据库的入门知识。为了保证每位读者能够切实地掌握书中的内容，蓝桥学院搭建并部署了蓝桥云平台，在云平台上提供了配套的实验环境、图文教程和视频课程，书中涉及的所有案例都可以在蓝桥云平台上模拟实现。

本书共 10 章，具体安排如下。

第 1 章数据库概述，主要介绍数据、数据库、数据库管理系统的概念，数据库管理系统的发展史，现今主流的关系型数据库（如 Oracle、MySQL、SQL Server），以及非关系型数据库（如 Redis、MongoDB、HBase、Neo4j）等。

第 2 章 MySQL 的安装与使用，主要介绍 MySQL 的获取方法，在 Linux 上安装和配置 MySQL 的方法，图形化客户端 Navicat 的基本使用方法等。

第 3 章单表查询，主要介绍表的相关概念，并详细介绍了 6 种最常用的子句，即 SELECT、FROM、WHERE、ORDER BY、GROUP BY 及 HAVING 子句，这些子句是所有复杂查询的基础，请读者务必重视。

第 4 章 MySQL 常用内置函数，主要介绍常用的字符函数、数值函数、日期时间函数、条件判断函数、系统信息函数、加密函数、格式化函数，这些函数可以为数据的计算或转换提供便利。

第 5 章多表查询，主要介绍连接查询和子查询。表与表之间的连接主要有等值连接、自然连接、自关联、非等值内连接、外连接，子查询则是在内层查询的结果上进行的进一步查询和过滤。读者掌握本章内容后，即可应对复杂的查询需求。

第 6 章 DML、TCL、DDL，主要介绍数据操作（插入、修改、删除），事务管理（提交、回滚、保存点）和数据定义（表的创建、修改、截断、删除等）。

第 7 章其他数据库对象，主要介绍存储过程、自定义函数、游标、触发器、视图（VIEW）、序列（SEQUENCE）和索引（INDEX）等数据表以外的数据对象。

第 8 章数据库管理基础，主要介绍用户权限管理、二进制日志、数据备份与恢复、多数据库同步等。

第 9 章数据库优化，主要介绍存储引擎 InnoDB 和 MyISAM 的区别，以及如何通过索引提升 SQL 查询的效率。

第 10 章 NoSQL 数据库入门，主要介绍 4 种常见的非关系型数据库（MongoDB、Redis、HBase、Neo4j）的特点与应用场景，并演示了它们的安装部署和基本操作。

特别说明，在 Windows 环境下运行 MySQL，代码中的关键字是不区分大小写的。

本书由郑未和段鹏两位老师合作编写，其中，郑未老师编写了本书的第 1 章～第 5 章，段鹏老师编写了本书的第 6 章～第 10 章并整理了附录 A。

郑未老师是“大数据应用开发（Java）” 1+X 职业技能等级证书标准的主要制定者和起草人，是蓝桥杯大赛技术专家，有着丰富的信息系统开发、管理经验，也有丰富的职业教育教学和管理经验。段鹏老师有丰富的项目开发和数据库管理经验，也有多年的教学经验，是典型的“双师型”教师。

本书以就业为导向，结合企业应用对知识点进行了取舍，保留了最常用的技术要点。本书在易用性上进行了充分考虑，从 MySQL 数据库零基础开始讲解，对经典案例进行了改造升级，力求通俗易懂，尽可能降低初学者的学习门槛。本书的内容结构合理，在每章的开篇位置均设置了“本章简介”，用于概述本章的知识点；在每章的后半部分均设置了“本章小结”，以便读者回顾本章内容；在每章的末尾均设置了“本章练习”，从而帮助读者巩固相关知识。

感谢丛书编委会各位专家、学者的帮助和指导，感谢配合技术调研的企业及已毕业的学生，感谢蓝桥学院各位同事的大力支持和帮助。另外，本书参考和借鉴了一些专著、教材、论文、报告和网络上的成果、素材、结论或图文，在此向原创作者一并表示衷心的感谢。

期望本书的出版能够为软件开发相关专业的学生、程序员和广大编程爱好者快速入门带来帮助，也期望越来越多的人才加入软件开发行业中来，为我国信息技术发展做出贡献。

由于时间仓促，加之编者水平有限，疏漏和不足之处在所难免，恳请广大读者和社会各界朋友批评指正！

编者联系邮箱：x@lanqiao.org

编　者

目　录

第 1 章

数据库概述

本章简介

通过本书，将系统地学习与数据库相关的知识。作为第 1 章，本章首先介绍数据、数据库、数据库管理系统的概念，之后介绍数据库管理系统的发展史，并简要介绍现今比较流行的 Oracle、MySQL、SQL Server 关系型数据库，以及 Redis、MongoDB、HBase、Neo4j 非关系型数据库。本章最后还对 SQL 进行简要介绍，让读者快速了解数据库的相关知识。

1.1 数据、数据库和数据库管理系统

数据库技术一直是 IT 技术的重要组成部分。使用数据库，可以结构化存储大量的数据信息，方便用户进行有效的检索和访问；可以有效地保持数据信息的一致性、完整性，降低数据冗余；可以满足数据应用在共享和安全方面的要求。数据库系统的建设规模、数据库信息量的大小及使用频率一直是衡量一个部门信息化程度的重要标志之一，因此数据库技术人才需求一直长盛不衰。

近年来全球数据量快速增长。我国信息化受物联网设备信号、元数据、娱乐相关数据、云计算和边缘计算增长的驱动，也处于数据高速产生的阶段，预计到 2025 年中国将成为全球最大的数据圈，届时中国的数据将占全球的 40%。大量的数据在不断产生，如何安全高效地存储、检索和管理海量数据是当下 IT 技术面临的重要挑战。为应对这些挑战，传统关系型数据库不断升级，非关系型数据库也登上历史舞台。

接下来我们就从概念入手，带领大家了解数据库技术的全貌。

1．数据与数据库

了解数据库概念之前，先来看一看数据的概念。在大多数人的头脑中，数据就是数字。其实，数字只是最简单的一种数据，是对数据传统、狭义的理解。从广义上理解，数据种类很多，包括文字、图形、图像、音频、视频等，这些都是数据。

数据：数据是描述事务的符号记录。这种描述事务的符号可以是数字，也可以是文字、图形等。在日常生活中，人们可以通过自然语言的记录形式来描述信息。例如，可以记录这样一小段话：“1991 年 3 月 28 日出生的刘静涛同学，性别女，2009 年由安徽考入北京航空航

天大学，专业是计算机科学与技术。”通过这一小段话，简单记录了该学生的信息。

对于计算机而言，为了更好地存储和处理这些事物，就需要抽象出一组描述事物的特征。例如上面的例子，就可以抽象出姓名、性别、出生日期、入学省份、入学年份、专业等特征，可以具体描述为：刘静涛，女，1991 年 3 月 28 日，安徽，2009，计算机科学与技术。这里对学生信息的记录就是通常所说的计算机中记录的数据。

通常我们把抽象出来的事物特征和具体数据放到一个表中，如表 1-1 所示。

表 1-1　学生信息表

姓名	性别	出生日期	入学省份	入学年份	专业
刘静涛	女	1991 年 3 月 28 日	安徽	2009	计算机科学与技术
……	……	……	……	……	……

数据库：顾名思义就是存放数据的仓库。这个仓库将数据按照一定的格式，存储在计算机的存储设备上，是有组织、可共享的数据集合，具有较小的数据冗余度、较高的数据独立性和易扩展性，并为各种用户所共享。更重要的是，用户在需要时可以从数据库大量的数据中快速找到自己需要的数据，甚至可以分析挖掘出更有用的信息。

2．数据库管理系统

数据库是数据的集合，那么如何科学、有效地存放数据？如何快速、稳定地获取数据？如何保证数据的安全呢？简而言之，怎么管理数据或数据库呢？答案是数据库管理系统（Database Management System，DBMS）。

数据库管理系统是一个系统软件，它位于操作系统和应用软件之间，主要提供了如下功能：

（1）数据定义。

提供数据定义语言（Data Definition Language，DDL），通过 DDL 用户可以方便地对数据库中的对象进行定义。

（2）数据操作。

提供数据操作语言（Data Manipulation Language，DML），用户可以使用 DML 操纵数据，从而实现对数据库的基本操作，如增加、删除、修改、查询等操作。

（3）数据库的运行管理。

数据库在建立、运行和维护时由数据库管理系统统一管理、统一控制，以保证多用户环境下的并发控制、安全性检查和存取限制控制、完整性检查和执行、运行日志的组织管理、事务的管理和自动恢复，这些功能保证了数据库管理系统的正常运行。

（4）数据组织、存储与管理。

DBMS 对数据的组织、存储与管理对象，主要包括数据字典、用户数据、数据的存取路径等。需要确定以何种文件结构和存取方式在存储设备上组织这些数据，如何实现数据之间的联系。数据组织和存储的基本目标是提高存储空间利用率，选择合适的存取方法提高存取效率。

（5）数据库保护。

数据已经成为信息社会的战略资源，对数据的保护至关重要。DBMS 对数据库的保护通过四个方面来实现：数据库的恢复、数据库的并发控制、数据库的完整性控制、数据库的安全性控制。

（6）数据库维护。

数据库维护包括数据库的数据载入、转换功能，数据库的转储、恢复功能，数据库重组织功能，以及性能监视、分析功能等，这些功能分别由各个应用程序来完成。

1.2　数据库管理系统发展史

数据库管理系统从 20 世纪 50 年代萌芽，60 年代中期产生，至今已经超过 60 年的历史。短短 60 多年，从数据管理的角度看，数据库技术到目前经历了人工管理阶段、文件系统阶段和数据库管理系统阶段这三个阶段。数据库管理系统阶段又可分为第一代的层次型数据库管理系统、网状数据库管理系统，第二代的关系模型数据库管理系统，以及第三代的以面向对象模型为主要特征的数据库管理系统。

另外，数据库技术与网络通信技术、人工智能技术、面向对象程序设计技术、并行计算技术等互相渗透、互相结合，成为当前数据库技术发展的主要特征。随着新技术的出现和发展，人们对超大规模数据处理的复杂性和高并发性的要求越来越高，非关系型数据库管理系统也因此得到了越来越多的关注。

1．人工管理

人工管理阶段是计算机数据管理的初级阶段，这个时期的计算机主要用于科学计算。从硬件看，没有磁盘等直接存取的存储设备；从软件看，没有操作系统和管理数据的软件，数据处理方式是批处理。

这个时期数据管理的特点是：

（1）数据不能长时间保存；

（2）没有对数据进行管理的软件系统；

（3）没有文件的概念；

（4）数据不具有独立性。

2．文件系统

文件系统是数据库管理系统的萌芽阶段，出现在 20 世纪中叶，可以提供简单的数据存取功能，但无法提供完整、统一的数据管理功能，如复杂查询等。所以，在管理较少、较简单的数据时，会使用文件系统。

这个时期数据管理的特点是：

（1）数据可以长期保存；

（2）对文件系统进行统一管理；

（3）文件的形式已经多样化；

（4）数据具有一定的独立性。

3．数据库管理系统

这一时期的数据库管理系统包含三个阶段：

第一阶段，层次型数据库管理系统、网状数据库管理系统。

20 世纪 60 年代开始，层次型数据库管理系统、网状数据库管理系统相继问世，它们为统一管理和共享数据提供了有力的支撑。在这个时期，由于数据库管理系统的蓬勃发展，形成了著名的“数据库时代”。当然，这两种类型的数据库管理系统也有一定的不足，最主要表现在它们均脱胎于文件系统，因此受文件物理结构的影响较大，用户在使用数据库时，需要

对数据的物理结构有详细的了解，这对使用数据库带来了许多麻烦。同时，数据库中表示数据模式的结构方式过于烦琐，也影响了数据库应用中越来越多的复杂要求的实现。

在这个阶段，网状数据库由于其复杂性、专用性，没有被广泛使用。而在层次型数据库中，IBM 公司的 IMS（Information Management System，信息管理系统）层次型数据库管理系统则得到了极大的发展，一度成为市场份额占比最多的数据库管理系统，拥有数量巨大的客户群。

第二阶段，关系型数据库管理系统。

20 世纪 70 年代初，关系型数据库管理系统开始走上历史舞台，并一直保持着蓬勃的生命力。

自 1970 年 IBM 研究员德加·考特发表论文，阐述了关系模型的概念后，IBM 大力投入关系型数据库管理系统的研究。关系型数据库底层实现起来比较容易，所以很快被采用，并进入众多商业数据库的研发计划。随后，Oracle、MySQL、SQL Server 等现在主流的关系型数据库相继问世。这时，关系型数据库管理系统开始逐步取代层次数据库管理系统，成为占主导地位的数据库管理系统。到目前为止，关系型数据库管理系统仍占据数据库管理系统的主导地位。

关系型数据库管理系统使用结构化查询语言（Structured Query Language，SQL）作为数据库定义语言 DDL 和数据库操作语言 DML。这种语言和普通的面向过程的语言（如 C 语言）以及面向对象的语言（如 Java）不同，它一诞生，就成为关系型数据库的标准语言。可以这么说，要想学习数据库，必须学习关系型数据库管理系统；要想学习关系型数据库管理系统，就必须学习结构化查询语言 SQL。

这个时期数据管理的特点是：

（1）数据结构化；

（2）数据的共享性高、冗余度低，容易扩充；

（3）数据独立性高；

（4）数据由 DBMS 统一管理和控制。

第三阶段，面向对象数据库管理系统。

随着计算机应用的快速发展，计算机已从传统的科学计算、事务处理等领域，逐步扩展到工程设计统计、人工智能、多媒体、分布式处理等领域。这些新的领域需要有新的数据库支撑，而传统关系型数据库管理系统是以商业应用、事务处理为背景而发展起来的，它并不完全适用于新领域。

在这一时期，程序设计开发也逐渐从面向过程编程转向面向对象编程，从面向对象的角度设计、编写程序。将面向对象的方法和数据库管理技术结合起来，可以使数据库管理系统的分析、设计最大限度地与人们对客观世界的认识相一致，并且能够有效地为面向对象程序设计提供更好的数据库支撑。为了满足人们对新的数据库管理技术的需求，面向对象数据库管理系统应运而生。

4．非关系型数据库管理系统

非关系型数据库也叫 NoSQL 数据库，NoSQL 最常见的解释是“non-relational”。

2009 年初，Johan Oskarsson 举办了一场关于开源分布式数据库的讨论，Eric Evans 在这次讨论中提出了 NoSQL 一词，用于指代那些非关系型的、分布式的，且一般不保证遵循 ACID 原则（ACID 原则是数据库事务正常执行的四个原则，分别指原子性、一致性、独立性及持久性）的数据存储系统。Eric Evans 使用 NoSQL 这个词，并不是因为字面上的“没有 SQL”的意思，他只是觉得很多经典的关系型数据库名字都叫“xxSQL”，所以为了表示跟这些关系型数据库在定位上的截然不同，就用了“NoSQL”一词。

NoSQL 最大的优点是易扩展。NoSQL 数据库种类繁多，但是一个共同的特点都是去掉关系型数据库的关系型特性。数据之间无关系，这样就非常容易扩展，无形之间也在架构的层面上带来了可扩展的能力。非关系型数据库的产生就是为了解决大规模数据集合多重数据种类带来的挑战，尤其是大数据应用难题。

1.3　主流关系型数据库简介

理论上来说，数据库、数据库管理系统、数据库系统是从小到大的概念。按前文所述，数据库是数据的集合；数据库管理系统是管理数据或数据集合的系统软件；而数据库系统是更大的概念，它包括数据库、数据库管理系统、应用系统、数据库管理员等内容。

但为了表述方便，人们在表达这三层意思的时候，都说“数据库”，如将“Oracle 数据库管理系统”简称为“Oracle 数据库”，本书也用这种约定俗成的表达方式。

经过了 20 世纪末激烈的数据库市场竞争之后，Oracle、MySQL 和 SQL Server 等一批数据库有幸获得主流数据库的称号。接下来，我们简单地介绍一下这三款数据库。

1．Oracle

Oracle 数据库是 Oracle（甲骨文）公司的数据库产品。Oracle 公司从数据库起家，现已发展成为世界上最大的企业软件公司之一，面向全球用户提供数据库、工具和应用软件，以及相关的咨询、培训和支持服务。

Oracle 数据库是世界上使用最广泛的数据库之一，可应用于企业信息系统、政府管理、Internet（因特网）及电子商务等领域。它能保证分布式信息的安全性、完整性、一致性，具有并发控制和恢复能力，具有管理超大规模数据的能力，并且具有跨操作系统和硬件平台的数据互操作能力。

随着网络浪潮的到来，Oracle 推出了 Oracle 9i 这个版本，全面支持 Internet 应用，在面向网络的企业级应用领域保持自己的优势地位。Oracle 10g 是 Oracle 公司为迎接“网格计算”时代的来临而提供的数据库解决方案。

Oracle 11g 是 Oracle 公司在 2007 年 7 月推出的数据库管理系统，相对过往版本而言，Oracle 11g 具有了与众不同的特性，如数据库重演、SQL 重演、计划管理、自动诊断知识库等。不过对于普通开发人员而言，这些新特性并不需要全部掌握。

2012 年，发布了 Oracle 12c，该版本引入了一个新的多承租方架构，使用该架构可轻松部署和管理数据库云。如今使用比较广泛的 Oracle 数据库是 Oracle11g 和 Oracle12c

2．MySQL

MySQL 原是瑞典 MySQL AB 公司开发的一款数据库产品，但在 2008 年初，MySQL AB 公司被 Sun 公司收购，而 Sun 公司又在 2009 年被 Oracle 公司收购，所以现在的 MySQL 也属于 Oracle 公司。

MySQL 的显著特点是开放源码，基于这个特点，任何人都可以在相关协议的许可下下载并根据个性化的需要对其进行修改。因为它的开源、广泛传播，其迭代非常快速，近 10 年来市场占有率持续增长。

MySQL 因其高效、可靠和适应性而备受关注，由于其灵活、快速、健壮、易用以及较小的硬件开销而被许多中小型系统采用，是学习数据库体系结构的首选。本书以 MySQL 数据库为例，向大家介绍数据库的使用。

3．SQL Server

SQL Server 是微软公司的数据库产品，也是一个关系型数据库管理系统。SQL Server 数据库脱胎于 Sybase，原因是当时微软与 Sybase 以及另外一家公司合作，共同开发这款数据库产品。1988 年，SQL Server 问世，不过当时是基于 OS/2 系统的版本。当微软在操作系统方面推出了 Windows NT 以后，微软与 Sybase 在 SQL Server 的开发上已经分道扬镳。微软将 SQL Server 移植到 Windows NT 平台上，并开始专注于推广基于 Windows 操作系统的 SQL Server 数据库管理系统。

1996 年，微软公司推出了 SQL Server 6.5；1998 年，推出了 SQL Server 7.0；2000 年 8 月，推出了 SQL Server 2000。其中，SQL Server 2000 是微软公司推出的一个比较成功的 SQL Server 数据库版本，该版本继承了 SQL Server 7.0 的优点，同时又比 SQL Server 7.0 增加了许多更实用的功能。如今，使用比较多的版本是 SQL Server 2005 和 SQL Server 2008，其中 SQL Server 2005 最大的特性是使用集成的商业智能工具，提供了企业级的数据管理，为企业构架和部署商业智能解决方案，为企业分析、决策提供数据支持。SQL Server 2008 是微软数据库产品的一个重要版本，这个产品可以满足数据爆炸和数据驱动应用程序的需求，实现企业数据平台、动态开发、关系数据和商业智能。2019 年 11 月，微软发布了 SQL Server 的新版本。

SQL Server 有其显著的特点：

第一，操作系统相关。因为微软是一个操作系统产品提供商，所以在数据库产品的设计上，SQL Server 大量利用了 Windows 操作系统的底层结构，与操作系统的结合性好。同样，出于对 Windows 操作系统的保护，SQL Server 基本不能移植到其他操作系统上，就算勉强移植，也无法获得很好的性能。

第二，易于上手。SQL Server 作为一个商业化的产品，其优势是微软产品所共有的易用性。由于 Windows 操作系统广泛的市场占有率，所以遵循相似操作习惯的 SQL Server 对用户而言更容易上手，也使得数据库管理员可以更容易、更方便、更轻松地进行管理。

第三，以 Transact-SQL（简称 T-SQL）作为它特有的语言。T-SQL 是标准结构化查询语言的增强版，用来让应用程序与 SQL Server 进行沟通。T-SQL 提供标准结构化查询语言的 DDL 和 DML 功能，加上延伸的函数以及控制语句（例如 IF 和 WHILE），让操作数据库更有弹性。

1.4　主流非关系型数据库简介

1．Redis

Redis（Remote Dictionary Server），即远程字典服务，是一个开源的使用 ANSIC 语言编写，支持网络，可基于内存亦可持久化的日志型、Key-Value 数据库，并提供多种语言的 API。从 2010 年 3 月 15 日起，Redis 的开发工作由 VMware 主持。从 2013 年 5 月开始，Redis 的开发由 Pivotal 赞助。

Redis 是一个高性能的 Key-Value 数据库，支持存储的 Value 类型，包括 string（字符串）、list（链表）、set（集合）、zset（sorted set，有序集合）和 hash（哈希类型）。这些数据类型都支持 push/pop、add/remove 及取交集、并集和差集等更丰富的操作，而且这些操作都是原子性的。在此基础上，Redis 支持各种不同方式的排序。为了保证效率，数据都是缓存在内存中。Redis 会周期性地将更新的数据写入磁盘或者把修改操作写入追加的记录文件，并且在此基础上实现了 Master-Slave（主从）同步。

2．MongoDB

MongoDB 是一个基于分布式文件存储的数据库，文档是 MongoDB 中数据的基本单位。

MongoDB 是一个介于关系型数据库和非关系型数据库之间的产品，是非关系型数据库当中功能最丰富、最像关系型数据库的。它支持的数据结构非常松散，是类似 JSON 的 BSON 格式，因此可以存储比较复杂的数据类型。MongoDB 最大的特点是它支持的查询语言非常强大，其语法有点类似于面向对象的查询语言，几乎可以实现类似关系型数据库单表查询的绝大部分功能，而且还支持对数据建立索引

所谓分布式文件系统（Distributed File System）是指文件系统管理的物理存储资源不一定直接连接在本地节点上，而是通过计算机网络与节点相连。分布式文件系统的设计基于客户机/服务器模式。一个典型的网络可能包括多个供多用户访问的服务器。另外，对等特性允许一些系统扮演客户机和服务器的双重角色。

MongoDB 服务端可运行在 Linux、Windows 或 Mac OS X 平台，支持 32 位和 64 位应用，默认端口为 27017。推荐运行在 64 位平台，因为 MongoDB 在 32 位模式运行时支持的最大文件尺寸为 2GB。

3．HBase

HBase 是一个开源的非关系型分布式数据库，它参考了谷歌的 BigTable 建模，实现的编程语言为 Java。它是 Apache 软件基金会的 Hadoop 项目的一部分，运行于 HDFS 文件系统之上，为 Hadoop 提供类似于 BigTable 规模的服务。因此，它可以容错地存储海量稀疏的数据，该技术来源于 Fay Chang 所撰写的 Google 论文“BigTable：一个结构化数据的分布式存储系统”。

HBase 是一个高可靠、高性能、面向列、可伸缩的分布式数据库，是谷歌 BigTable 的开源实现，主要用来存储非结构化和半结构化的松散数据。HBase 的目标是处理非常庞大的表，可以通过水平扩展的方式，利用 HBase 技术可在廉价 PC Server 上搭建起大规模结构化存储集群。HBase 是 Apache 的 Hadoop 项目的子项目。HBase 不同于一般的关系型数据库，它是一个适合于非结构化数据存储的数据库。另一个不同的地方是 HBase 基于列而不是基于行的模式。

4．Neo4j

Neo4j 是一个高性能的非关系图形数据库，它将结构化数据存储在网络上而不是表中。它是一个嵌入式的、基于磁盘的、具备完全的事务特性的 Java 持久化引擎，但是它将结构化数据存储在网（从数学角度叫作图）上而不是表中。

Neo4j 也可以被看作是一个高性能的图引擎，该引擎具有成熟数据库的所有特性。程序员工作在一个面向对象的、灵活的网络结构下，而不是严格、静态的表中，但是他们可以享受到具备完全的事务特性、企业级数据库的所有好处。

Neo4j 因其嵌入式、高性能、轻量级等优势，越来越受到关注。

Neo4j 提供了大规模可扩展性，在一台机器上可以处理数十亿节点/关系/属性的图，可以扩展到多台机器并行运行。

相对于关系型数据库来说，图数据库善于处理大量复杂、互连接、低结构化的数据，这些数据变化迅速，需要频繁地查询——在关系型数据库中，这些查询会导致大量的表连接，因此会产生性能上的问题。Neo4j 重点解决了拥有大量连接的传统 RDBMS 在查询时出现的性能衰退问题。

1.5 SQL 简介

SQL 语言是结构化查询语言（Structured Query Language）的简称，是一门特殊的编程语言。

1. SQL 的作用

SQL 使人们对数据的操作和管理更加简单、高效。

它让用户在使用数据库时只需要发出做什么的命令，而怎么做是不需要使用者去考虑的，这大大地提高了人们的工作效率。

2. SQL 标准

美国国家标准局（ANSI）和国际标准化组织（ISO）制定了 SQL 标准。1989 年 4 月，国际标准化组织提出了具有完整性特征的 SQL-89 标准，1992 年 11 月又公布了 SQL-92 标准。

各种不同的数据库对 SQL 语言的支持与标准存在着细微的差别。这是因为，有些产品的开发先于标准的公布。另外，各产品开发商为了达到特殊的性能或新的特性，需要对标准进行扩展，所以才会出现不同的 SQL 版本。

SQL 的标准化是一场革命，是关系型数据库管理系统发展的转折点。数据库和应用系统都使用 SQL 作为共同的数据存取语言和标准接口，使不同数据库系统之间的互操作有了共同的基础，进而实现异构平台、各种操作环境的共享与移植。

3. SQL 语言分类

SQL 语言包括以下三个部分。

数据定义语言（Data Definition Language，DDL），主要用于对数据库中表、视图、索引、同义词、聚簇等对象进行定义。

数据操作语言（Data Manipulation Language，DML），用于对数据库中的数据进行增加、删除、更新、查询操作。

数据控制语言（Data Control Language，DCL），实现数据库控制功能，包括对数据访问进行权限控制的指令等。

1.6 本 章 小 结

本章首先介绍了数据库相关的基本概念，然后介绍了数据库管理系统的发展历史，接着对现今主流的三种关系型数据库（Oracle、MySQL 和 SQLServer）进行了简单介绍，随后介绍了 4 种主流的非关系型数据库（Redis、MongoDB、HBase 和 Neo4j），最后介绍了 SQL 的标准和分类。

本章的重点是概念的厘清，包括各种数据库管理系统的特点以及 SQL 的分类。

数据库的四个概念：数据（Data），数据库（DB），数据库管理系统（DBMS），数据库系统（DBS），以及它们之间的关系。

数据库管理系统发展的三个阶段：人工管理阶段，文件系统阶段，数据库管理系统阶段。

SQL 语言包含三个组成部分：数据定义语言，数据操作语言，数据控制语言。SQL 语言简洁，易学易用，是学好数据库的关键。

本章作为全书的第 1 章，不涉及具体的技术和操作，但对于了解数据库的全貌有一定的帮助。

1.7 本章练习

单选题

（1）数据库管理系统是（　　）。

A．操作系统的一部分　　B．在操作系统下支持的系统软件

C．一种编译系统　　D．一种操作系统

（2）数据库管理系统能实现对数据库中数据的查询、插入、修改和删除等操作，这种功能称为（　　）。

A．数据定义功能　　B．数据管理功能　　C．数据操作功能　　D．数据控制功能

（3）数据库管理系统的发展经历了三个时代，其中不包括（　　）。

A．层次型数据库管理系统、网状数据库管理系统时代

B．面向对象数据库管理系统时代

C．文件管理系统时代

D．关系型数据库管理系统时代

（4）以下哪一项不是 DBMS 对数据库的保护？（　　）

A．数据库的复制　　B．数据库的并发控制

C．数据库的完整性控制　　D．数据库的安全性控制

（5）数据库维护不包括（　　）。

A．数据库性能监控　　B．数据恢复

C．数据转储　　D．数据库重构

（6）以下哪一个不属于关系型数据库的特点？（　　）

A．数据结构化　　B．数据的共享性高，冗余度低，容易扩充

C．数据独立性高　　D．高并发读写速度快

（7）以下哪个数据库是非关系型数据库？（　　）

A．Oracle　　B．HBase　　C．MySQL　　D．SQL Server

（8）SQL 语言不包括以下哪个部分？（　　）

A．数据定义语言　　B．数据操作语言　　C．数据检查语言　　D．数据控制语言

第2章 MySQL的安装与使用

本章简介

通过上一章的学习，我们对数据库有了基本的认识。从本章开始，我们就进入 MySQL 的学习。MySQL 是一种数据库软件，使用之前必须进行安装和配置，其正式部署环境通常是 Linux，因此本章首先介绍 MySQL 数据库在 Linux 系统上的安装、配置及基本管理。相对 Linux 字符界面，图形化的数据库客户端能提升操作效率，因此随后介绍一款图形化的数据库客户端——Navicat。

掌握本章内容是后续学习的基础，希望读者能按照文中指引准备好 MySQL 数据库。

2.1 MySQL的安装、配置与基本管理

本节以 Linux CentOS 7 为操作系统环境，以 MySQL 8.0 为例，介绍 MySQL 数据库的安装、配置与基本管理。

1. 获取 MySQL

可在 Windows 操作系统环境获取 MySQL 安装文件。

（1）在浏览器地址栏中输入 MySQL 官网地址 https://www.mysql.com/。

（2）单击“Download”菜单进入下载页面。找到“MySQL Community (GPL) Downloads”链接，如图 2-1 所示。单击该链接，将会看到如图 2-2 所示的目录。

（3）单击“MySQL Yum Repository”链接，进入“MySQL Community Downloads”页面，单击“Red Hat Enterprise Linux 7 / Oracle Linux 7 (Architecture Independent), RPM Package”右侧的“Download”按钮，打开新的页面。此处要求登录账号，如不想登录，可单击“No thanks, just start my download.”链接（如图 2-3 所示）即可开始下载。

2. 安装 MySQL

（1）使用 WinSCP 软件将下载好的安装包上传到 CentOS 7 系统，笔者下载后的安装包名为“mysql80-community-release-el7-3.noarch.rpm”。以下操作在 CentOS 7 上进行。

（2）使用“rpm -ivhmysql80-community-release-el7-3.noarch.rpm”命令，安装镜像文件。

（3）使用“yum update mysql-server”命令，更新现有 MySQL 服务。

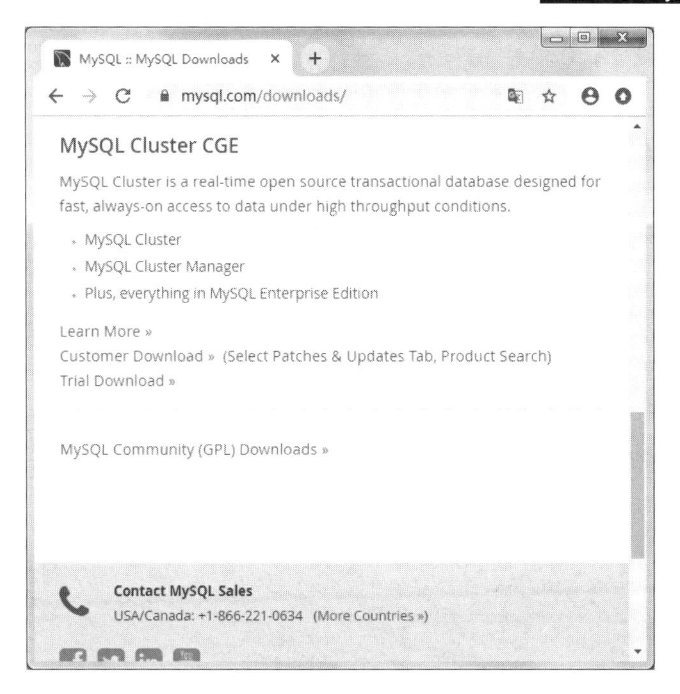

图 2-1　MySQL 社区版下载链接

图 2-2　MySQL 社区版下载目录

（4）使用“yum install mysql-server”命令，安装 MySQL 服务，此过程稍微要花一点时间，请耐心等待。

（5）安装完成后，使用“mysqld --initialize”命令，对数据库进行初始化。

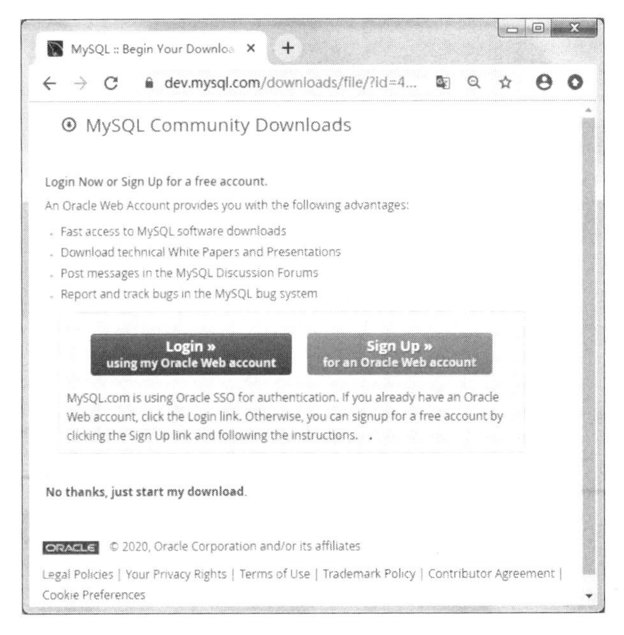

图 2-3　不登录直接下载

（6）使用“service mysqld start”命令，启动 MySQL 服务。如果出现“Job for mysqld.service failed because the control process exited with error code. See "systemctl status mysqld.service" and "journalctl -xe" for details.”提示信息，则执行第（7）步。

（7）执行“chownmysql:mysql -R /var/lib/mysql”命令。

（8）再次使用“service mysqld start”命令，启动服务，不出现报错信息即表示 MySQL 服务已启动。

（9）打开“/var/log/mysql.log”文件，其内容如下：

```
……（省略）
2020-05-17T16:11:11.298638Z 6 [Note] [MY-010454] [Server] A temporary password is generated for root@localhost: yE48PpGtaJ%x
……（省略）
```

“A temporary password is generated for root@localhost:”后面的内容是安装过程为 MySQL 数据库生成的随机密码。

（10）使用“mysql -u root -p”命令，登录 MySQL 数据库，输入上一步找到的随机密码，即可登录成功。

（11）因为随机密码不好记忆，所以我们使用“ALTER USER 'root'@'localhost' IDENTIFIED BY '新密码';”语句来修改 root 用户登录 MySQL 数据库的密码。

（12）使用“exit;”命令退出数据库。

（13）使用新密码登录数据库，来验证密码是否修改成功。

至此，MySQL 数据库的安装以及密码修改就介绍完毕。读者可以根据以上步骤进行自己的 MySQL 数据库安装。

3．MySQL 目录结构

了解 MySQL 的目录及其作用，可以有效地帮助我们管理和使用 MySQL 数据库。

（1）/var/lib/mysql/：数据库安装目录。

（2）/usr/share /mysql：数据库配置文件目录，如 mysql.server 命令及配置文件等命令。

（3）/usr/bin：相关命令目录，如 mysqladmin、mysqldump 等命令。

（4）/etc/rc.d/init.d/：启动脚本文件目录。

4．MySQL 配置文件

Linux 中 MySQL 的配置文件名叫“my.cnf”，默认是在/etc 目录下，笔者为默认内容添加了注释：

```
[mysql]
#设置 MySQL 的安装目录
basedir=/home/apps/mysql
#设置 MySQL 数据库的数据存放目录
datadir=/home/apps/mysql/data
#套接字文件
socket=/tmp/mysql.sock
#设置 3306 端口
port=3306
#设置 MySQL 客户端默认字符集
character_set_server=utf8
#symbolic-links = 0：符号连接，如果设置为 1，则 MySQL 数据库和表里的数据支持储存在 datadir
#目录之外的路径下
symbolic-link=0
#MySQL 生成的错误日志存放的路径
log-error=/home/apps/mysql/data/error.log
#MySQL 实例启动后进程 ID 记录文件
pid-file=/home/apps/mysql/data/mysqld.pid
#临时目录
tmpdir=/tmp
```

通常我们不需要修改这个文件，如需修改也应先做好备份。

5．管理 MySQL 服务

使用 MySQL 前，首先要确定 MySQL 服务已经正常启动。

（1）使用“service mysqld status”命令查看 MySQL 运行状态，active 后面显示 active(running)则表示正在运行。

（2）使用“service mysqld stop”命令停止 MySQL 服务。查看 MySQL 状态，active 后面显示 inactive(dead)则表示已停止。

（3）使用“service mysqld start”命令启动 MySQL 服务。查看 MySQL 状态，active 后面显示 active(running)则表示正在运行，启动成功。

（4）使用“service mysqld restart”命令可重启 MySQL 服务。

6．用户登录与密码设置

在前面安装 MySQL 数据库时，因为随机密码比较难记住，在登录 MySQL 数据库时输入密码极不方便，所以我们修改了 MySQL 数据库的密码。接下来，我们进一步了解 MySQL 数据库登录和密码设置的相关命令。

（1）登录 MySQL 数据库的命令：mysql -u root –p。其中，-u 后面的参数是登录数据库的用户名（本例使用 root）；-p 表示该用户的密码，一般此处不直接书写密码，而是在回车后再输入。

（2）也可以在没有登录 MySQL 数据库的情况下，使用“mysqladmin -u 用户名 -p 旧密码 password 新密码”命令来修改登录密码。

例如，将原密码由 123456 改为 111111，那么命令可以写为“mysqladmin -u root -p123456 password 111111”。

（3）退出 MySQL 数据库，使用“exit;”命令或“quit;”命令。

2.2 图形化客户端 Navicat 简介

常见的 MySQL 图形化数据库客户端有 MySQLDumper、MySQL Workbench、DataGrip、Navicat for MySQL 等，笔者选择 Navicat for MySQL 进行演示。Navicat 工具的安装十分方便，运行安装包后，逐步单击“下一步”按钮即可，其安装界面如图 2-4 所示。

图 2-4 Navicat 的安装界面

Navicat 安装完成后，可执行以下基本操作，在远程连接前，先关闭 MySQL 服务器的防火墙。

（1）关闭 MySQL 所在服务器的防火墙。

```
[root@master /]# service firewalld stop
```

（2）打开 Navicat 工具。

（3）单击菜单“连接”→“MySQL”命令，弹出“MySQL-新建连接”对话框，如图 2-5 所示。

图 2-5 中各参数介绍如下：

①连接名：自己取的一个名字，如 MySQL。

②主机：如果数据库就在本机上，可以使用默认的 localhost；如果是在其他服务器上，则需要填写该服务器的 IP 地址。

③端口：MySQL 服务的监听端口，默认为 3306。

④用户名：登录数据库的用户名，如 root。

⑤密码：用户名对应的密码。

图 2-5　“MySQL-新建连接”对话框

所有参数设置完成后，可以单击“测试连接”按钮，测试参数设置是否正确。如果弹出如图 2-6 所示的错误提示，则表示 MySQL 当前配置不支持远程连接。

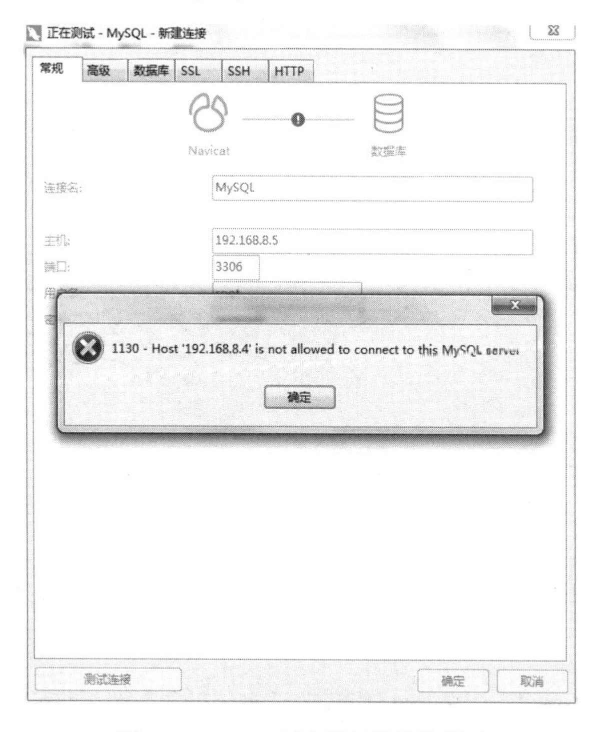

图 2-6　MySQL 不支持远程连接提示

（4）修改 MySQL 远程连接配置。

①先登录 MySQL。

②使用“use mysql;”命令，表示使用 MySQL 数据库，该数据库是系统自带的。

③执行“select host from user where user='root';”语句，如查询到 host 的值为“localhost”，则表示仅支持本地连接。

上述①②③的完成过程示范如下（注意：输入密码时，密码是不可见的）：

```
[root@master /]# mysql -u root -p
Enter password:
mysql> use mysql;
mysql> select host from user where user='root';
```

④执行“update user set host = '%' where user ='root';”语句将 host 的值设置为通配符“%”，即支持所有的 IP 连接到 MySQL 服务器。然后再次查询进行确认。

⑤执行“flush privileges;”语句使修改立即生效。

上述④⑤的完成过程示范如下：

```
mysql>update user set host = '%' where user ='root';
mysql>select host from user where user='root';
mysql> flush privileges;
```

⑥再次单击“测试连接”按钮进行测试，提示连接成功，如图 2-7 所示。

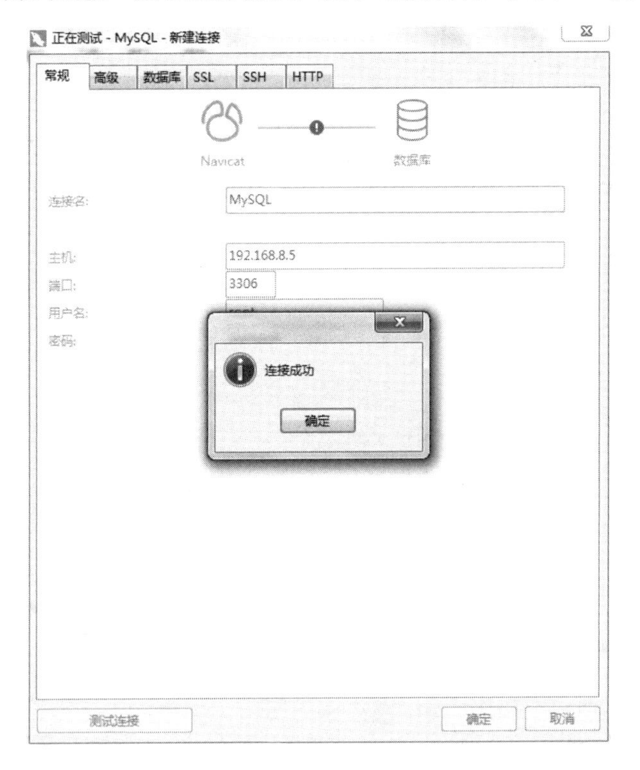

图 2-7　MySQL 远程连接成功

⑦连接成功后，进入 MySQL 数据库管理界面，双击连接名即可看到该连接下的所有数据库，如图 2-8 所示。可以在此处对 MySQL 数据库进行操作。

图 2-8 Navicat 下显示的 MySQL 默认数据库

（5）使用 Navicat 创建数据库。在连接名“MySQL”上单击鼠标右键，在弹出的快捷菜单中选择“新建数据库”命令，填写数据库名（自定）和字符集（选 UTF-8），最后单击“确定”按钮即完成数据库创建。

至此，我们就可以在新建的数据库下进行数据管理了。

2.3 本章小结

“工欲善其事，必先利其器”，本章介绍了在 Linux 操作系统环境下完成 MySQL 数据库的安装与配置，并示范了基本的管理。作为扩展，读者可自行尝试在 Windows 操作系统环境下进行 MySQL 数据库的安装和配置。另外，关系型数据库的基本理论和技术是相通的，掌握一种数据库的基本使用方法，其他数据库也能快速上手，因此，读者可以在学习本书的基础上，尝试对 Oracle 和 SQL Server 等数据库进行类似操作，以拓宽技术面。

2.4 本章练习

单选题

（1）MySQL 数据库安装完成后，对其进行初始化的命令是（　　）。

A．mysql --initialize　　B．mysqld --initialize

C．mysql -initialize　　D．mysqld -initialize

（2）Linux 中关闭防火墙服务的命令是（　　）。

A．service firewalld stop　　B．service firewalld shutdown

C．service firewall stop　　D．service firewall shutdown

（3）使用 yum 安装 MySQL 服务的命令是（　　）。

A．yum update server　　B．yum install server

C．yum update mysql-server　　D．yum install mysql-server

（4）启动 MySQL 数据库服务的命令是（　　）。

A．service start mysqld　　B．service mysqld start

C．service start mysql　　D．service mysql start

（5）使用 root 用户登录 MySQL 数据库的命令是（　　）。

A．mysql -u root -password　　B．mysql --user root -password

C．mysql --user root -p　　D．mysql -user root -p

（6）以下哪个命令用来重启 MySQL 服务？（　　）

A．service mysqld restart　　B．service mysqldsart

C．service mysqld status　　D．service mysqld stop

（7）MySQL 服务的默认端口号是（　　）。

A．8080　　B．3306　　C．8090　　D．3036

（8）关于 Linux 中 MySQL 数据库的几个主要目录，叙述错误的是（　　）。

A．/var/lib/mysql/是 MySQL 数据库的数据存放目录

B．mysql.server 命令存放在/usr/share /mysql 目录下

C．/usr/bin 是 MySQL 数据库的命令目录

D．/etc/rc.d/init.d/是 MySQL 数据库的脚本文件目录

第3章

单表查询

本章简介

上一章学习了 MySQL 数据库的安装与基本使用，使我们有了操作数据库的基本条件。本章首先介绍关系型数据库、表等基本概念，导入示例表和数据。在此基础上学习 SELECT、FROM 子句并利用算术表达式做基本运算，学习用 WHERE 子句筛选数据，学习用 ORDER BY 子句对数据排序，学习 GROUP BY 子句和 HAVING 子句对数据进行分组统计。

3.1 相关概念及本书示例

本书使用的示例数据库是 MySQL 官网提供的 world 数据库，该数据库非常适合初学者用来练习 SQL 语句。其中包含 3 张表，分别是 city 表、country 表、countrylanguage 表。在正式介绍数据表查询操作之前，先对关系型数据库中表的相关概念进行介绍，然后再导入示例数据库，为后续操作做好准备。

1. 相关概念

（1）关系型数据库。

关系型数据库，是指采用了关系模型来组织数据的数据库，以行和列的形式存储数据。为便于用户理解，关系型数据库这一系列的行和列被称为表，一组表组成了数据库。关系模型可以简单理解为二维表格模型，而一个关系型数据库就是由二维表及其之间的关系组成的一个数据组织。

（2）表。

二维表在生活中应用十分广泛，如点名册、成绩单、工资表、个人信息表等。关系型数据库中的表与我们常见的二维表类似，由行和列组成。一个表代表着一类实体，具有二维结构，具有固定的列数和任意的行数。表的示意如表 3-1 所示。

表 3-1 city 表

ID	Name	CountryCode	District	Population
1	Kabul	AFG	Kabol	1780000

续表

ID	Name	CountryCode	District	Population
……	……	……	……	……
5	Amsterdam	NLD	Noord-Holland	731200

对关系模型或表的描述范式：关系名/表名(字段名 1,字段名 2,⋯,字段名 *n*)。例如表 3-1 的关系模型为，city(ID, Name, CountryCode, District, Population)。这种描述，有助于清晰地了解表的结构。

（3）字段和记录。

字段是列的别称，记录是行的别称，它们是通用和互相替代的概念。字段有字段名（如 ID、Name）和字段数据类型（如字符串、整数等）。表是记录的集合。

（4）关键字。

一个记录有多个字段，可互相区分，但怎么区分行与行呢？可用来唯一标识一条记录的一个字段或多个字段的组合，称为表的关键字（key）。例如，城市表中，ID 就是关键字。

2. 数据类型

定义表的时候，需要确定每个字段的数据类型。MySQL 支持多种数据类型，大致可以分为三类：数值类型、日期/时间类型和字符串类型。

（1）数值类型。

数值类型包括 5 种整数、2 种浮点数和 1 种定点数，如表 3-2 所示。

表 3-2　数值类型表

类　型	长　度	范围（有符号）	说　明
TINYINT	1 字节	−128～127	很小的整数
SMALLINT	2 字节	−32768～32767	小整数
MEDIUMINT	3 字节	−8388608～8388607	中等大小的整数
INT 或 INTEGER	4 字节	−2147483648～2147483647	普通整数
BIGINT	8 字节	−9223372036854775808～9223372036854775807	大整数
FLOAT	4 字节	−3.402823466E+38～−1.175494351E−38， 0， 1.175494351E−38～3.402823466351E+38	单精度浮点数
DOUBLE	8 字节	−1.7976931348623157E+308～ −2.2250738585072014E−308， 0， 2.2250738585072014E−308～ 1.7976931348623157E+308	双精度浮点数
DEC 或 DECIMAL(*M*,*D*)	如果 *M*>*D*，为 *M*+2，否则为 *D*+2	−1.7976931348623157E+308～ −2.2250738585072014E−308， 0， 2.2250738585072014E−308～ 1.7976931348623157E+308	定点数，*M* 表示总位数，*D* 表示小数位数

（2）日期/时间类型，如表 3-3 所示。

表 3-3　日期/时间类型表

类　型	大　小	范　围	格　式	说　明
DATE	3 字节	1000-01-01 至 9999-12-31	YYYY-MM-DD	日期值
TIME	3 字节	'-838:59:59'至'838:59:59'	HH:MM:SS	时间值或持续时间
YEAR	1 字节	1901 至 2155	YYYY	年份值
DATETIME	8 字节	1000-01-01 00:00:00 至 9999-12-31 23:59:59	YYYY-MM-DD HH:MM:SS	混合日期和时间值
TIMESTAMP	4 字节	1970-01-01 00:00:00 至 2038 结束时间是第 2147483647 秒，北京时间 2038-1-19 11:14:07，格林尼治时间 2038 年 1 月 19 日凌晨 03:14:07	YYYYMMDD HHMMSS	混合日期和时间值，时间戳

（3）字符串类型，如表 3-4 所示。

表 3-4　字符串类型表

类　型	大　小	说　明
CHAR(*N*)	0～255 字节	定长字符串，*N* 表示字符个数
VARCHAR(*N*)	0～65535 字节	变长字符串，*N* 表示字符个数
TINYTEXT	0～255 字节	短文本字符串
TEXT	0～65535 字节	长文本字符串
MEDIUMTEXT	0～16777215 字节	中等长度文本数据
LONGTEXT	0～4294967295 字节	超大长度文本数据

3. 导入表和数据

为了更好地进行实践，我们先不自定义关系模型（表结构），而是直接利用 MySQL 官网提供的示例数据库结构。获取和导入方式如下。

（1）进入官网（https://www.mysql.com/），如图 3-1 所示。

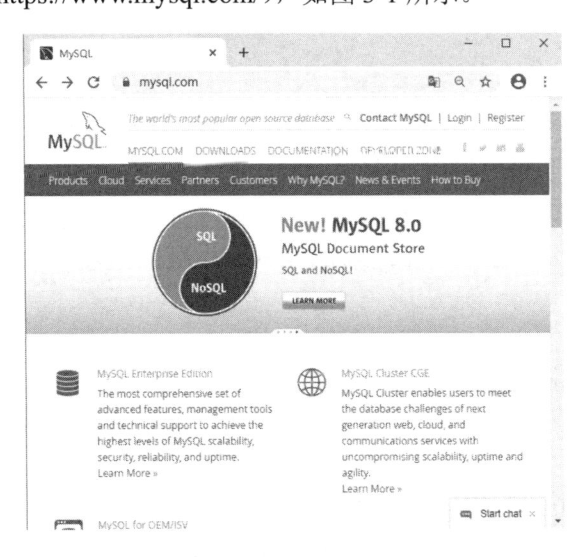

图 3-1　MySQL 官网首页

（2）单击“DOCUMENTATION”菜单→点击链接“More”进入示例数据库下载页面→在 Example Databases 标题下找到“world databases”，选择 Zip 格式文件下载即可，如图 3-2 所示。

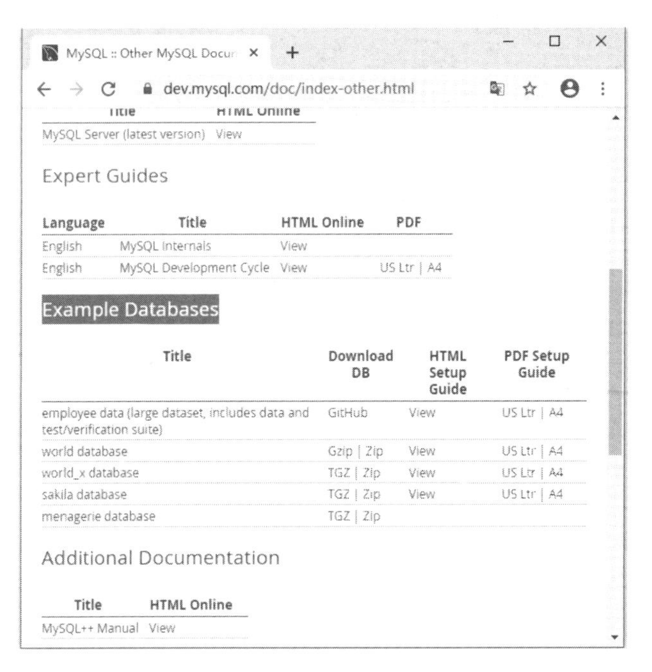

图 3-2　world databases 示例数据库下载页面

（3）使用 WinSCP 软件将下载好的 world.sql 文件上传到 CentOS 7 系统中，将该文件存放在/home/soft/目录下。

（4）导入本地数据库。本书使用“source”命令导入数据，步骤如下：

①进入“MySQL”环境；

②使用“source”命令导入数据库。

①②所涉命令如下：

```
[root@master /]# mysql -u root –p
Enter password:
mysql>source /home/soft/world.sql
```

3.2　SELECT…FROM 子句

接下来就可以使用 SQL 语言来查询数据了。

1．基本 SELECT 语句

SELECT 语句用于从表中选取记录，选取的结果被存储在一个结果集中。

SELECT 的基本语法如下：

```
select 列名 from 表名;
```

注意：在 SQL 语言中对大小写是不敏感的，所以 SELECT 和 select 都是可以的。

如果需要从表中选取多个列，列名之间用逗号分隔。

```
select 列名 1,列名 2,…,列名 n from 表名;
```

以下示例返回数据表 city 中的所有记录的 ID 和 Name 字段，共查询出 4079 条记录。

```
mysql> select ID,Name from city;
```

输出结果：

```
+------+----------------------------------+
|ID    | Name                             |
+------+----------------------------------+
|    1 | Kabul                            |
|    2 | Qandahar                         |
……
| 4079 | Rafah                            |
+------+----------------------------------+
4079 rows in set (0.01 sec)
```

最后一行提示总共查询出有多少条记录，括号内表示本次 SQL 语句执行所花费的时间。

有的时候我们需要查看表中的所有字段，而表中字段又比较多，一个一个列出来比较麻烦，可以使用符号“*”来表示查询所有的字段。“*”是通配符中的一个，表示匹配所有的意思，使用语法如下。

```
select * from 表名;
```

以下示例返回数据表 city 的所有记录的所有字段：

```
mysql> select * from city;
```

输出结果：

```
+------+--------------------+---------------+----------+---------------+
| ID   | Name               | CountryCode | District | Population   |
+------+--------------------+---------------+----------+---------------+
|    1 | Kabul              | AFG           | Kabol    |   1780000 |
|    2 | Qandahar           | AFG           | Qandahar |    237500 |
……
| 4079 |Rafah               | PSE           | Rafah    |     92020 |
+------+--------------------+---------------+----------+---------------+
```

此时 city 表中的所有信息都被查询出来。

2. 算术表达式

数据库中的表存放的是基础数据，有时候我们需要在基础数据上做些运算处理。首先要介绍一下 MySQL 中的算术表达式是什么。

算术表达式可以简单地理解为数学算式，是由算术运算符连接起来的表达式。在 MySQL 中支持的算术运算符如表 3-5 所示。

表 3-5　MySQL 中的算术运算符

运　算　符	作　　用
+	加法运算
-	减法运算
*	乘法运算
/或 DIV	除法运算
%或 MOD	取余运算

需要注意的是，在除法和取余运算中，除数不能为 0，否则该表达式非法，返回结果为 NULL。

（1）加法运算示例：

```
mysql> select 1+2;
```

输出结果：

```
+-----+
| 1+2 |
+-----+
|    3 |
+-----+
1 row in set (0.00 sec)
```

（2）减法运算示例：

```
mysql> select 3-2;
```

输出结果：

```
+-----+
| 3-2 |
+-----+
|    1 |
+-----+
1 row in set (0.00 sec)
```

（3）乘法运算示例：

```
mysql> select 2*3;
```

输出结果：

```
+-----+
| 2*3 |
+-----+
|    6 |
+-----+
1 row in set (0.00 sec)
```

（4）除法运算示例 1：

```
mysql> select 6 / 3;
```

输出结果：

```
+--------+
| 6 / 3  |
+--------+
| 2.0000 |
+--------+
```

除法运算示例 2：

```
mysql> select 3 DIV 2;
```

输出结果：

```
+---------+
| 3 DIV 2 |
+---------+
| 1       |
+---------+
1 row in set (0.00 sec)
```

需要注意“/”与 DIV 的区别：“/”默认保留 4 位小数，DIV 只取整数部分。

（5）取余运算示例：

```
mysql> select 6 % 4;
```

输出结果：

```
+-------+
| 6 % 4 |
+-------+
| 2     |
+-------+
```

那么在数据库中如何应用呢？

例如，假设全球每个城市平均每天有 100 人出生，现要显示第二天全球城市的名称以及当时的人口数量，直接查询出 Population 的值已经不准确了，需要加上 100 才行。在 SQL 中如何实现呢？利用算术运算符可以编写如下 SQL 语句：

```
mysql> select Name,Population+100 from city;
```

输出结果：

```
+-----------------------------------+----------------+
| Name                              | Population+100 |
+-----------------------------------+----------------+
| Kabul                             |        1780100 |
| Qandahar                          |         237600 |
……
```

```
| Rafah                        |            92120 |
+------------------------------+------------------+
4079 rows in set (0.00 sec)
```

3．字段别名

在上面显示城市的实时人口数量的示例中，查询结果字段显示为“Population+100”这样一种较难理解的形式，这对我们的理解会带来一定的困扰。那么有没有什么办法能够解决这一问题呢？接下来给大家介绍 MySQL 中的字段别名，可通过字段别名来解决上述问题。

在 SELECT 所选字段后面可以指定一个名字，来为原始字段起一个更易理解的别名，特别是在所选字段是经过修改或重组时，采用这种方式能让人更加快速地明白所想表达的意思，这就是别名的作用。使用别名时，字段名和别名之间用空格分开。

我们给上述查询中的“Population+100”取个别名“CurrentPopulation”，表示当前人口数量，使用 SQL 语句如下：

```
mysql> select Name,Population+100 CurrentPopulation from city;
```

输出结果：

```
+------------------------------+-------------------+
| Name                         | CurrentPopulation |
+------------------------------+-------------------+
| Kabul                        |           1780100 |
| Qandahar                     |            237600 |
……
| Rafah                        |             92120 |
+------------------------------+-------------------+
4079 rows in set (0.00 sec)
```

为了增强语句的易读性，通常在所选字段与别名之间使用关键字 AS 来表示别名的使用，上述 SQL 语句使用 AS 改写后如下：

```
mysql> select Name,Population+100 AS CurrentPopulation from city;
```

其结果和不使用 AS 是一样的，但是增加了可读性。

需要注意的是，如果别名中使用了空格或一些特殊字符，如#、&、-等，则需要把别名放在双引号中。例如：

```
mysql>select Name, Population+100 "Current-Population" from city;
```

4．去除重复行

这个理解起来很简单，就是在实际业务需求中，查询返回的结果往往出现重复的行，这对我们进行一些统计会造成不便，因此要想办法把重复的行去掉。例如，查询 city 表中的 CountryCode（国家/地区代号）：

```
mysql> select CountryCode from city;
```

输出结果：

```
+-------------+
| CountryCode |
```

```
+---------------+
| ABW           |
| AFG           |
| AFG           |
| AGO           |
| AGO           |
……
| ZWE           |
| ZWE           |
+---------------+
4079 rows in set (0.01 sec)
```

出现这种情况是因为该表存放的多个城市来自同一个国家/地区。为了去掉重复的行，在SQL语句中可以使用DISTINCT关键字，它的作用就是消除重复的行。把上述SQL语句加上DISTINCT：

```
mysql> select DISTINCT CountryCode from city;
```

输出结果：

```
+---------------+
| CountryCode |
+---------------+
| ABW           |
|AFG            |
| AGO           |
……
| ZMB           |
| ZWE           |
+---------------+
232 rows in set (0.06 sec)
```

通过去掉重复行以后，记录由4079行变为了232行，可以直观地看到city表中的城市来自232个不同的国家或地区。

下面使用DISTINCT关键字对有多个字段的结果集去重，看一下会是什么情况。

首先单独查询Population字段并去重：

```
mysql> select DISTINCT Population from city;
```

输出结果：

```
+------------+
| Population |
+------------+
|    1780000 |
|     237500 |
……
|      92020 |
+------------+
3897 rows in set (0.01 sec)
```

可以看到，单独对 Population 去掉重复行返回的结果是 3897 行，这说明有 3897 个不同人口数。

接下查询 CountryCode 与 Population 的组合并去重：

```
mysql> select DISTINCT CountryCode,Population from city;
```

输出结果：

```
+-------------+------------+
| CountryCode | Population |
+-------------+------------+
| AFG         |    1780000 |
| AFG         |     237500 |
| AFG         |     186800 |
| AFG         |     127800 |
| NLD         |     731200 |
| NLD         |     593321 |
……
| PSE         |     100231 |
| PSE         |      92020 |
+-------------+------------+
4052 rows in set (0.00 sec)
```

查看结果会发现，比单独操作 CountryCode 或者 Population 时的结果都要多。这是因为 DISTINCT 关键字会影响所有被选定的字段，把多个字段看作一个组合，组合中的所有字段一模一样才会被视为重复。

此处查询出的结果变多，是因为 CountryCode 和 Population 组合的结果变多。读者可以通过实际的操作好好体会 DISTINCT 对多字段的作用。

3.3 WHERE 子句

前面我们学习了使用 SELECT 语句从表中读取数据，得到的是一个表的所有记录。如何有条件地从表中选取部分记录呢？答案就是使用 WHERE 子句。把 WHERE 子句添加到 SELECT 语句中，表示根据条件从二维表中筛选记录。

接下来我们一起来学习 WHERE 子句的用法。

1. WHERE 语法

使用 WHERE 的基本语法如下。

```
select 列名 from 表名 where 列名 运算符 条件值;
```

该语法中，WHERE 即表示筛选记录的条件，该条件由列名、运算符和条件值三部分组成。例如，从 city 表中查询出所有的国家/地区代号为 PSE 的城市信息，使用 SQL 语句如下：

```
mysql> select * from city where CountryCode = 'PSE';
```

输出结果：

```
+------+--------------+---------------+--------------+----------------+
| ID   | Name         | CountryCode | District     | Population   |
+------+--------------+---------------+--------------+----------------+
| 4074 | Gaza         | PSE          | Gaza         |        353632 |
| 4075 | Khan Yunis | PSE          | Khan Yunis |        123175 |
| 4076 | Hebron      | PSE          | Hebron       |        119401 |
| 4077 |Jabaliya     | PSE          | North Gaza |        113901 |
| 4078 | Nablus      | PSE          | Nablus       |        100231 |
| 4079 | Rafah       | PSE          | Rafah        |         92020 |
+------+-------------+----------------+-------------+----------------+
6 rows in set (0.00 sec)
```

CountryCode = 'PSE'即是本例中的查询条件。“=”是比较运算符中的一种，合理地运用运算符可以使我们的查询和筛选更加灵活。接下来介绍 MySQL 中的运算符。

2．运算符

在 MySQL 中，主要有以下几种运算符：

（1）比较运算符。

（2）逻辑运算符。

（3）位运算符。

（4）算术运算符。

其中，算术运算符已经在本章 3.2 节中详细介绍，这里不再赘述。接下来主要介绍其他三种运算符。

（1）比较运算符，如表 3-6 所示。

表 3-6　比较运算符

运　算　符	作　　用
=	等于
<>或!=	不等于
<	小于
>	大于
<=	小于或等于
>=	大于或等于
<=>	两边为 NULL 返回值 1，一个为 NULL 返回值 0
BETWEEN min AND max	在 min 和 max 的值之间，包含 min 和 max
IN(value1,value2,...)	在集合(value1,value2,...)中
IS NULL	为空
IS NOT NULL	不为空
LIKE	模糊匹配
REGEXP 或 RLIKE	正则表达式匹配

表 3-6 中不等于和 between 两个比较运算符举例如下。

①不等于示例：

```
mysql> select * from city where id!=1;
```

输出结果：

```
+-------+-----------------+---------------+--------------+-------------+
| ID    | Name            | CountryCode | District      | Population |
+------+------------------+---------------+--------------+-------------+
|   2   | Qandahar        | AFG           | Qandahar   |      237500 |
|   3   | Herat           | AFG           | Herat       |      186800 |
……
| 4079  | Rafah           | PSE           | Rafah       |       92020 |
+-------+-----------------+--------------+---------------+-------------+
4078 rows in set (0.10 sec)
```

可以看到，除了 ID 为 1 的记录，其他记录均被输出。

②BETWEEN 示例：

```
mysql> select * from city where id between 1 and 3;
```

输出结果：

```
+----+---------------+----------------+--------------+-------------+
| ID | Name          | CountryCode | District      | Population |
+----+---------------+----------------+--------------+-------------+
|  1 | Kabul         | AFG            | Kabol       |   1780000 |
|  2 | Qandahar      | AFG            | Qandahar   |    237500 |
|  3 | Herat         | AFG            | Herat       |    186800 |
+----+---------------+---------------+--------------+-------------+
3 rows in set (0.00 sec)
```

（2）逻辑运算符，如表 3-7 所示。

表 3-7　逻辑运算符

运　算　符	作　　用
NOT 或!	逻辑非
AND	逻辑与
OR	逻辑或
XOR	逻辑异或

①逻辑非：对某个表达式的结果取反。示例：

```
mysql> select * from city where !(id < 4077);
```

输出结果：

```
+------+----------+----------------+--------------+---------------+
| ID   | Name     | CountryCode | District      | Population   |
+------+----------+----------------+--------------+---------------+
| 4077 | Jabaliya | PSE            | North Gaza |        113901 |
```

```
| 4078 | Nablus    | PSE            | Nablus      |       100231 |
| 4079 | Rafah     | PSE            | Rafah       |        92020 |
+------+----------+----------------+-------------+--------------+
3 rows in set, 1 warning (0.00 sec)
```

根据 ID 可以看出，本次的结果取 ID 大于等于 4077 的结果。

②逻辑与：运算符两边的表达式必须同时满足。示例：

```
mysql> select * from city where countrycode = 'AFG' and population > 200000;
```

输出结果：

```
+------+----------+-------------+-----------+-------------+
| ID   | Name     | CountryCode | District  | Population  |
+------+----------+-------------+-----------+-------------+
|    1 | Kabul    | AFG         | Kabol     |     1780000 |
|    2 | Qandahar | AFG         | Qandahar  |      237500 |
+------+----------+-------------+-----------+-------------+
2 rows in set (0.00 sec)
```

满足 countrycode = 'AFG'的城市共有 4 个，但是同时还满足 population > 200000 条件的就只剩下 2 个了。

③逻辑或：只需要满足其中一个条件即可。示例：

```
mysql> select * from city where id = 1 or id = 2;
```

输出结果：

```
+------+----------+-------------+-----------+-------------+
| ID   | Name     | CountryCode | District  | Population  |
+------+----------+-------------+-----------+-------------+
|    1 | Kabul    | AFG         | Kabol     |     1780000 |
|    2 | Qandahar | AFG         | Qandahar  |      237500 |
+------+----------+-------------+-----------+-------------+
2 rows in set (0.00 sec)
```

④逻辑异或：只能满足其中一个条件。示例：

```
mysql>select * from city where countrycode = 'AFG' xor population > 10000000;
```

输出结果：

```
+------+------------------+---------------+-------------+---------------+
| ID   | Name             | CountryCode   | District    | Population    |
+------+------------------+---------------+-------------+---------------+
|    1 | Kabul            | AFG           | Kabol       |       1780000 |
|    2 | Qandahar         | AFG           | Qandahar    |        237500 |
|    3 | Herat            | AFG           | Herat       |        186800 |
|    4 | Mazar-e-Sharif   | AFG           | Balkh       |        127800 |
| 1024 | Mumbai (Bombay)  | IND           | Maharashtra |      10500000 |
+------+------------------+---------------+-------------+---------------+
5 rows in set (0.01 sec)
```

简单解释一下该 SQL 语句：查看 AFG 这个国家/地区的城市信息以及人口数量超过 10000000 的城市信息，但不出现 AFG 这个国家/地区人口数量超过 10000000 的城市的信息。

（3）位运算符，如表 3-8 所示。

表 3-8　位运算符

运　算　符	作　　用
&	按位与
|	按位或
^	按位异或
!	取反
<<	左移
>>	右移

位运算是以二进制作为基础的运算，所以做位运算之前，会先将操作数变成二进制数，然后进行位运算，计算的结果再从二进制数变为十进制数输出。

①按位与示例：

```
mysql> select 2 & 3;
```

输出结果：

```
+-------+
| 2 & 3 |
+-------+
|     2 |
+-------+
1 row in set (0.00 sec)
```

②按位或示例：

```
mysql> select 2 | 3;
```

输出结果：

```
+-------+
| 2 & 3 |
+-------+
|     3 |
+-------+
1 row in set (0.00 sec)
```

③按位异或示例：

```
mysql> select 2 ^ 3;
```

输出结果：

```
+-------+
| 2 ^ 3 |
```

```
+-------+
|      1 |
+-------+
1 row in set (0.00 sec)
```

④按位取反示例：

```
mysql> select ~3;
```

输出结果：

```
+----------------------------+
| ~3                         |
+----------------------------+
| 18446744073709551612 |
+----------------------------+
1 row in set (0.00 sec)
```

⑤按位右移示例：

```
mysql> select 5>>2;
```

输出结果：

```
+------+
| 5>>2 |
+------+
|      1 |
+------+
1 row in set (0.00 sec)
```

⑥按位左移示例：

```
mysql> select 5 << 1;
```

输出结果：

```
+--------+
| 5 << 1 |
+--------+
|      10 |
+--------+
1 row in set (0.01 sec)
```

3. 分页查询

当数据量比较大的时候，如果全部查询出来，一方面阅读感很差，另一方面效率低下。使用分页查询技术可限制返回条目数。分页查询使用关键字 LIMIT 来实现。

分页查询的语法如下：

```
select 列名 from 表名 limit 起始行行号,每页显示的行数
```

例如，查询 city 表中的记录，从第 6 行开始，显示 5 行记录：

```
mysql> select * from city limit 5,5;
```

输出结果：

```
+------+------------+-----------------+-----------------+-----------------+
| ID   | Name       | CountryCode     | District        | Population      |
+------+------------+-----------------+-----------------+-----------------+
|   6  | Rotterdam  | NLD             | Zuid-Holland    |         593321  |
|   7  | Haag       | NLD             | Zuid-Holland    |         440900  |
|   8  | Utrecht    | NLD             | Utrecht         |         234323  |
|   9  | Eindhoven  | NLD             | Noord-Brabant   |         201843  |
|  10  | Tilburg    | NLD             | Noord-Brabant   |         193238  |
+------+------------+-----------------+-----------------+-----------------+
5 rows in set (0.00 sec)
```

行号是从 0 开始的，因此 LIMIT 的第一个参数是 5。LIMIT 后也可以只跟一个参数，表示需要返回的行数，此时从第一行开始获取数据。

例如，显示 city 表中的前 5 行记录：

```
mysql> select * from city limit 5;
```

输出结果：

```
+------+----------------+-----------------+-----------------+---------------+
| ID   | Name           | CountryCode     | District        | Population    |
+------+----------------+-----------------+-----------------+---------------+
|   1  | Kabul          | AFG             | Kabol           |      1780000  |
|   2  | Qandahar       | AFG             | Qandahar        |       237500  |
|   3  | Herat          | AFG             | Herat           |       186800  |
|   4  | Mazar-e-Sharif | AFG             | Balkh           |       127800  |
|   5  | Amsterdam      | NLD             | Noord-Holland   |       731200  |
+------+----------------+-----------------+-----------------+---------------+
5 rows in set (0.04 sec)
```

3.4 ORDER BY 子句

在使用 SELECT … FROM 子句时，查询出来的记录的顺序是记录的添加顺序。如果需要记录按一定规则进行排序后输出，就需要对查询出来的记录进行重新排序。

1．ORDER BY 语法

可以使用 ORDER BY 子句后跟一列或多列名字，对查询结果进行排序，语法如下：

```
select 列名 from 表名 order by 列名
```

例如，查询 city 表数据，并按人口数量进行排序，SQL 语句如下：

```
mysql> select * from city order by population;
```

输出结果：

```
+------+--------------------+-----------------+-------------------+---------------+
| ID   | Name               | CountryCode     | District          | Population    |
```

```
+------+---------------------+------------------+-----------------+----------------+
| 2912 | Adamstown           | PCN              | Noord-Holland |              42 |
| 2317 | West Island         | CCK              | West Island   |             167 |
| 3333 | Fakaofo             | TKL              | Fakaofo       |             300 |
……
| 1024 | Mumbai (Bombay) | IND              | Maharashtra   |        10500000 |
+------+---------------------+------------------+-----------------+----------------+
4079 rows in set (0.07 sec)
```

ORDER BY 子句后面可以有多个列名，将根据先后顺序进行排序。

例如，查询 city 表中的数据，先根据国家/地区代码排序，再根据人口数量排序，SQL 语句如下：

```
mysql> select * from city order by countrycode,population;
```

输出结果：

```
+------+---------------------+------------------+-----------------+----------------+
| ID   | Name                | CountryCode      | District        | Population     |
+------+---------------------+------------------+-----------------+----------------+
| 129  | Oranjestad          | ABW              | –               |          29034 |
|    4 | Mazar-e-Sharif      | AFG              | Balkh           |         127800 |
|    3 | Herat               | AFG              | Heart           |         186800 |
|    2 | Qandahar            | AFG              | Qandahar        |         237500 |
|    1 | Kabul               | AFG              | Kabol           |        1780000 |
……
| 4068 | Harare              | ZWE              | Harare          |        1410000 |
+------+---------------------+------------------+-----------------+----------------+
4079 rows in set (0.68 sec)
```

注意：非数值类型的字段的排序是按字典顺序。

2．升/降序

从上面的两个结果可以看出 ORDER BY 的排序有什么特点吗？

没错，它们的排序结果都是从小到大排序的，也就是我们常说的升序。其实，ORDER BY 的排序也可以降序排序。在使用 ORDER BY 的时候，在排序列后面加上 DESC 关键字即可实现降序排列。ASC 关键字表示升序，是默认排序方式，可省略。

例如，按人口数量进行降序排序，只取前 5 条记录，其 SQL 语句如下：

```
mysql> select * from city order by population desc limit 5;
```

输出结果：

```
+------+---------------------+------------------+-----------------+----------------+
| ID   | Name     | CountryCode| District| Population |
+------+---------------------+------------------+-----------------+----------------+
| 1024 | Mumbai (Bombay) | IND              | Maharashtra     |       10500000 |
| 2331 | Seoul               | KOR              | Seoul           |        9981619 |
|206 | São Paulo             | BRA              | São Paulo       |        9968485 |
| 1890 | Shanghai            | CHN              | Shanghai        |        9696300 |
```

```
|   939 | Jakarta              | IDN              | Jakarta Raya     |    9604900 |
+------+--------------------+-----------------+-----------------+----------------+
5 rows in set (0.01 sec)
```

注意：是先排序再取前 5 条，而不是把前 5 条拿去做降序排序后输出。

3.5　GROUP BY 与 HAVING 子句

思考这样一个问题：在 city 表中，存放了 4079 个城市的基本信息，如果我们想统计国家/地区的人口数，该怎么办呢？此时，我们就要用到 MySQL 中的 GROUP BY 子句来完成相关工作。我们先来看一下 GROUP BY 的基本语法。

1. GROUP BY 语法

```
select 列名 from city [where 条件] group by 列名;
```

GROUP BY 表示分组，从前面提到的统计要求来看，我们需要按 CountryCode（国家/地区代码）分组，并加总这些国家/地区的城市的人口数。

需要注意的是，在使用 GROUP BY 的时候，查询的字段要么是 GROUP BY 后面的字段，要么是其他列的聚合统计等。关于聚合函数，我们会在下一章详细介绍。WHERE 条件在这里不是必须的。

现在我们来解决前面提到的问题，其 SQL 语句如下：

```
mysql> select sum(population) from city group by countrycode;
```

输出结果：

```
+-------------------+
| sum(population) |
+-------------------+
|           29034 |
|          314600 |
|         2561600 |
| ……              |
|         2473500 |
|         2730420 |
+-------------------+
232 rows in set (0.01 sec)
```

sum(参数)就是我们下一章要介绍的聚合函数中的一个，表示求传送参数的总和。

2. HAVING 语法

HAVING 也是条件筛选，和 WHERE 的作用差不多，前者在分组基础上筛选，后者是基于行的筛选。也可以说，WHERE 子句是在分组之前对表的行进行筛选，而 HAVING 则是在分完组后对组进行条件筛选。其语法如下：

```
select 列名 from city group by 列名 having 分组条件;
```

接下来，我们利用 HAVING 来找到 city 表中人口数量过亿的国家/地区。前面我们利用 GROUP BY 已经统计出来了所有国家/地区的人口总数，此处只需要加上限制条件即可：

```
mysql> select countrycode,sum(population) from city group by countrycode having sum(population)>100000000;
```

输出结果：

```
+---------------+--------------------+
| countrycode | sum(population) |
+---------------+--------------------+
| CHN         |       175953614 |
| IND         |       123298526 |
+---------------+--------------------+
2 rows in set (0.00 sec)
```

sum(population)表示按组求人口数量之和，即计算每个国家/地区的人口数量。HAVING 此时对分组后的结果进行筛选，此例中的筛选条件是人口总数超过 1 亿。

3. GROUP BY 与 HAVING 的作用

在 MySQL 数据库中，GROUP BY 是和聚合函数一起使用的，通过把一个或多个列分成多个组，然后使用聚合函数进行分组统计。

HAVING 的作用就是分组后再对组设置查询条件，过滤掉不符合条件的组。

3.6 本章小结

本章首先介绍了一些基本概念，然后导入了 world 示例数据库。为了更加清晰、深刻地介绍 MySQL 中的基本查询、条件查询、结果排序、分组查询等操作，以及运算符、分页等技术，笔者引入了大量的实际操作案例，通过这些案例来印证理论，达到即学即会的目的。

需要注意的是：

（1）SQL 语句不区分大小写，select 和 SELECT 是一个意思；

（2）在运用别名时，如果别名中有特殊符号，则别名必须使用引号括起来；

（3）使用分页查询时，要注意第二个参数表示的是每页显示的数目，而不是结束标志；

（4）注意 WHERE 和 HAVING 的区别。

另外，读者可以扩展学习以下内容：

（1）数据库导入方法：除了本章提到的方法，还有多种方法导入数据库，读者可以试试其他方法能否成功；

（2）提前学习统计函数的运用；

（3）尝试学习通配符在 SQL 语句中的运用；

（4）了解什么是正则表达式。

3.7 本章练习

单选题

（1）以下哪种数据类型不属于 MySQL 数据库？（　　）

A．CHAR　　B．VARCHAR　　C．STRING　　D．INT

（2）MySQL 中，定义可变长度字符串类型用以下哪个关键字声明？（　　）

A．VARCHAR　　B．CHAR　　C．STRING　　D．NUMBER

（3）下列说法中正确的是（　　）。

A．SQL 语言对大小写敏感，所以 SELECT 和 select 是两个意思

B．除法运算，使用“/”和 DIV 结果是一样的

C．SELECT 语句后面必须有 FROM 语句

D．SELECT 语句后面可以用“*”代替所有列名

（4）有一张 city 表，其中一个列名叫 name，以下 SQL 语句不正确的是（　　）。

A．select name newname from city　　B．select name AS new-name from city

C．select name AS "new-name" from city　　D．select name AS newname from city

（5）对于 SQL 语句“select * from city limit 5,5”，以下描述中正确的是（　　）。

A．该语句会报错

B．从第 6 条记录开始显示，共显示 5 条

C．从第 5 条记录开始显示，共显示 5 条

D．从第 5 条记录开始显示，共显示 6 条

（6）关于排序，下列说法中正确的是（　　）。

A．SQL 语句中使用 ORDER BY 对结果进行排序

B．DESC 表示对结果进行升序排序

C．ASC 表示对结果进行降序排序

D．默认排序方式为 DESC

（7）以下描述中正确的是（　　）。

A．SQL 语句中进行 GROUP BY 分组时，可以不写 WHERE 子句

B．SQL 语句中使用 GROUP BY 时，可以用*代表所有列

C．SQL 语句中 WHERE 子句和 HAVING 子句可以互换

D．SQL 语句中 WHERE 子句与 HAVING 子句不能同时出现

（8）使用 SELECT 语句进行查询分组时，如果希望去掉不满足条件的分组，使用哪个子句？（　　）

A．WHERE 子句　　B．GROUP BY 子句

C．HAVING 子句　　D．ORDER BY 子句

（9）如果需要在 city 表中查询出 countrycode 为‘ZWE’和‘ZMB’的城市信息，以下哪条 SQL 语句无法实现？（　　）

A．select * from city where countrycode = 'ZWE' xor countrycode = 'ZMB';

B．select * from city where countrycode in('ZWE', 'ZMB');

C．select * from city where countrycode = 'ZWE' and countrycode = 'ZMB';

D．select * from city where countrycode = 'ZWE' or countrycode = 'ZMB';

（10）如果一条 SQL 语句中同时出现了 WHERE 子句、ORDER BY 子句、GROUP BY 子句、HAVING 子句，那么正确的执行顺序是？（　　）

A．HAVING，WHERE，GROUP BY，ORDER BY

B．WHERE，HAVING，GROUP BY，ORDER BY

C．ORDER BY，WHERE，HAVING，GROUP BY

D．WHERE，GROUP BY，HAVING，ORDER BY

（11）下面是一条正确的 SQL 语句，只是被拆分为多个片段，请根据选项，选出正确的组合顺序。（　　）

①select countrycode,sum(population)

②having sum(population) > 100000000

③group by countrycode

④from city

⑤where id > 100

A．①④③②⑤　　B．①④②③⑤　　C．①④⑤③②　　D．①④⑤②③

第 4 章

MySQL 常用内置函数

本章简介

通过上一章对单表查询的学习，大家有没有对里面出现的求和函数印象深刻呢？不仅仅是求和，MySQL 数据库还提供了很多内置函数。这些函数涉及多个方面，本章主要介绍字符函数、数值函数、日期时间函数、条件判断函数、系统信息函数、加密函数、格式化函数，以及函数之间的转换等内容。一定要上机实际操作这些函数，这样才可以对函数作用理解得更加透彻，使用起来才能得心应手。

4.1 函 数 简 介

MySQL 数据库为用户提供了大量内置函数。这些内置函数可以帮助用户更加方便地处理表中的数据。这里说的函数与编程语言中的方法或函数的作用非常类似，都是为了完成某个特定的功能而存在的。

1. 函数的概念

函数是完成某一特定功能的代码集合。函数具有共享性、高效性、健壮性等特点。它就像一个个存放在数据库中的“数学公式”一样，任何用户都可以调用已经存在的函数来帮助自己更好地完成任务。

在数据库中，函数通常分为单行函数与多行函数两类，如图 4-1 所示。

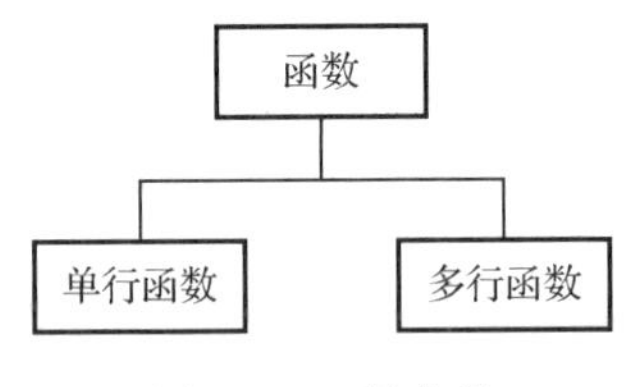

图 4-1　函数分类

单行函数：将每一条记录作为输入值进行计算，得到每条记录对应的结果，如字符串函数、数值函数、日期时间函数等。

多行函数：将多条记录作为输入值进行计算，得到单个结果，如最大值函数、求和函数、统计函数等。

2．系统函数

系统函数也叫内置函数或内部函数，根据使用的范围和作用，本章主要介绍以下几类系统函数：

（1）字符串函数、数值函数、日期时间函数；

（2）转换函数；

（3）条件判断函数；

（4）系统信息函数；

（5）加密函数；

（6）格式化函数。

4.2　字符串函数、数值函数、日期时间函数

首先为大家讲解的是字符串函数、数值函数和日期时间函数的作用与基本使用方法。

1．字符串函数

字符串函数是最常用的一类函数，在一个具体的应用中通常会综合使用多个字符串函数来实现相应的功能。字符串函数接受字符数据作为输入，返回的结果既可以是字符值也可以是数字值。常用的字符串函数如表 4-1 所示，函数括号内为参数。

表 4-1　常用的字符串函数

函　　数	说　　明
lower(str)	将输入的字符串全部转换为小写
upper(str)	将输入的字符串全部转换为大写
concat(str1,str2)	将字符串 str1 和 str2 首尾连接后返回
substr(str,m[,n])	获取字符串中指定的子串，该子串从 m 位置开始获取，取 n 个字符；如果 n 被忽略，则取到字符串结尾处
length(str)	返回字符串的长度
instr(str,substr)	从字符串 str 中返回子串 substr 第一次出现的位置
lpad(str1,n,str2)	在字符串 str1 的左边使用字符串 str2 进行填充，直到总长度达到 n 为止
rpad(str1,n,str2)	在字符串 str1 的右边使用字符串 str2 进行填充，直到总长度达到 n 为止
replace(str,old_str,new_str)	在字符串 str 中查找所有的子串 old_str，并使用 new_str 替换，最后返回替换后的结果
repeat(str,count)	将字符串 str 重复 count 次，并返回重复后的结果
reverse(str)	将字符串 str 反转，返回反转后的结果

下面使用 SQL 语句对表 4-1 中的部分字符串函数进行演示。

（1）lower(str)：将输入的字符串全部转换为小写。

```
mysql> select lower('MySQL');
```

输出结果：

```
+------------------------+
| lower('MySQL')         |
```

```
+-----------------------+
| mysql                 |
+-----------------------+
1 row in set (0.00 sec)
```

（2）concat(str1,str2)：将字符串 str1 和 str2 首尾连接后返回。

```
mysql> select concat ('My', 'SQL');
```

输出结果：

```
+---------------------------+
| concat ('My', 'SQL')      |
+---------------------------+
| MySQL                     |
+---------------------------+
1 row in set (0.00 sec)
```

（3）substr(str,m[,n])：获取字符串中指定的子字符串，从 m 位置开始，取 n 个字符；如果 n 被忽略，则取到字符串结尾处。

```
mysql> select substr('MySQL',3,3);
```

输出结果：

```
+---------------------------+
| concat ('My', 'SQL')      |
+---------------------------+
| SQL                       |
+---------------------------+
1 row in set (0.00 sec)
```

结果解析：第一个字符的起始位置是 1，不是 0。

（4）length(str)：返回字符串的长度。

```
mysql> select length('MySQL');
```

输出结果：

```
+---------------------------+
| length('MySQL')           |
+---------------------------+
|                          5|
+---------------------------+
1 row in set (0.00 sec)
```

（5）instr(str,substr)：从字符串 str 中返回子串 substr 第一次出现的位置。

```
mysql> select instr('MySQLSQL','SQL');
```

输出结果：

```
+----------------------------+
| instr('MySQLSQL','SQL') |
```

```
+------------------------------+
|                            3 |
+------------------------------+
1 row in set (0.00 sec)
```

结果解析：“SQL”在“MySQLSQL”中第一次出现的位置是 3。

（6）lpad(str1,n,str2)：在字符串 str1 的左边使用字符串 str2 进行填充，直到总长度达到 n 为止。

```
mysql> select lpad('MySQL',8,'*');
```

输出结果：

```
+-----------------------------+
| lpad('MySQL',8,'*')         |
+-----------------------------+
| ***MySQL                    |
+-----------------------------+
1 row in set (0.00 sec)
```

结果解析：把“*”添加到“MySQL”的左边，总长度达到 8 为止。

（7）replace(str,old_str,new_str)：在字符串 str 中查找所有的子串 old_str，并使用 new_str 替换，最后返回替换后的结果。

```
mysql> select replace('MySQL','SQL','sql');
```

输出结果：

```
+------------------------------+
| replace('MySQL','SQL','sql') |
+------------------------------+
| Mysql                        |
+------------------------------+
1 row in set (0.00 sec)
```

结果解析：把“MySQL”中的“SQL”替换为“sql”。

（8）repeat(str,count)：将字符串 str 重复 count 次，并返回重复后的结果。

```
mysql> select repeat('MySQL',2);
```

输出结果：

```
+-----------------------------+
| repeat('MySQL',2)           |
+-----------------------------+
| MySQLMySQL                  |
+-----------------------------+
1 row in set (0.00 sec)
```

结果解析：“MySQL”字符串重复输出两次。

（9）reverse(str)：将字符串 str 反转，返回反转后的结果。

```
mysql> select reverse('MySQL');
```

输出结果：

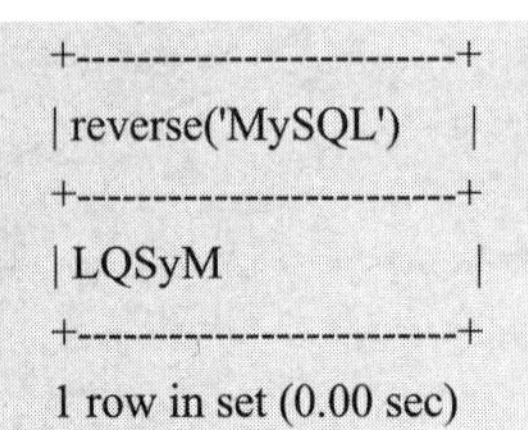

```
+------------------------+
| reverse('MySQL')       |
+------------------------+
| LQSyM                  |
+------------------------+
1 row in set (0.00 sec)
```

2. 数值函数

数值函数用来处理数值方面的运算，能够提高用户的工作效率。常用的数值函数如表 4-2 所示，函数括号内为输入的参数。

表 4-2　常用的数值函数

函　　数	说　　明
abs(num)	返回 num 的绝对值
ceil(num)	返回大于 num 的最小整数值
floor(num)	返回小于 num 的最大整数值
mod(num1,num2)	返回 num1 对 num2 进行模运算的结果
rand()	返回 0 到 1 内的随机值
round(num,n)	返回 num 的四舍五入的 n 位小数的值
truncate(num,n)	返回数字 num 截断为 n 位小数的结果
sqrt(num)	返回 num 的平方根

下面使用 SQL 语句对表 4-2 中的数值函数进行演示。

（1）abs(num)：返回 num 的绝对值。

```
mysql> select abs(-5);
```

输出结果：

```
+-----------------+
| abs(-5)         |
+-----------------+
|                5|
+-------------- ---+
1 row in set (0.00 sec)
```

（2）ceil(num)：返回大于 num 的最小整数值。

```
mysql> select ceil(5.1);
```

输出结果：

```
+-----------------+
| ceil(5.1)       |
+-----------------+
```

```
|                 6|
+-------------- ---+
1 row in set (0.00 sec)
```

（3）floor(num)：返回小于 num 的最大整数值。

```
mysql> select floor(5.1);
```

输出结果：

```
+------------------+
| floor(5.1)       |
+------------------+
|                 5|
+-------------- ---+
1 row in set (0.00 sec)
```

（4）mod(num1,num2)：返回 num1 对 num2 进行模运算的结果。

```
mysql> select mod(6,4);
```

输出结果：

```
+------------------+
| mod(6,4)         |
+------------------+
|                 2|
+-------------- ---+
1 row in set (0.00 sec)
```

（5）rand()：返回 0 到 1 内的随机值。

```
mysql> select rand();
```

输出结果：

```
+--------------------------+
| rand()                   |
+--------------------------+
|0.28147854558854264 |
+--------------------------+
1 row in set (0.00 sec)
```

（6）round(num,n)：返回 num 的四舍五入的 n 位小数的值。

```
mysql> select round(5.1364,2);
```

输出结果：

```
+--------------------------+
| round(5.1364,2)          |
+--------------------------+
|                      5.14|
+---------------------- ---+
1 row in set (0.00 sec)
```

如果 num 中的小数位数小于 n，缺少的位数用 0 补齐。

（7）truncate(num,n)：返回数字 num 截断为 n 位小数的结果。

```
mysql> select truncate(5.1364,2);
```

输出结果：

```
+----------------------+
| truncate(5.1364,2)   |
+----------------------+
|                  5.13|
+-------------------- ---+
1 row in set (0.00 sec)
```

如果 num 中的小数位数小于 n，缺少的位数用 0 补齐。

（8）sqrt(num)：返回 num 的平方根。

```
mysql> select sqrt(16);
```

输出结果：

```
+-----------------+
| sqrt(16)        |
+-----------------+
|                4|
+------------- ---+
1 row in set (0.00 sec)
```

3．日期时间函数

日期操作是 MySQL 中的常用操作，掌握常用的日期时间函数并熟练组合运用，能够帮助用户解决查询中的许多难题。常用的日期时间函数如表 4-3 所示，函数括号内为输入的参数。

表 4-3　常用的日期时间函数

函　　数	说　　明
now()	返回当前日期时间
curdate()	返回当前日期
curtime()	返回当前时间
week(date)	返回 date 日期是一年中的第几周
year(date)、month(date)、day(date)	返回 date 日期中的年份、月份、日
datediff(date1, date12)	返回两个日期间隔的天数：date1-date2
adddate(date,n)	返回 date 日期添加 n 天后的新日期

下面使用 SQL 语句对表 4-3 中的日期时间函数进行演示。

（1）now()：返回当前日期时间。

```
mysql> select now();
```

输出结果：

```
+------------------------+
| now()                  |
+------------------------+
| 2020-07-01 16:43:53 |
+--------------------- ---+
1 row in set (0.00 sec)
```

（2）curdate()：返回当前日期。

```
mysql> select curdate();
```

输出结果：

```
+-------------+
| curdate()     |
+-------------+
| 2020-07-01 |
+-------------+
1 row in set (0.00 sec)
```

（3）curtime()：返回当前时间。

```
mysql> select curtime();
```

输出结果：

```
+------------+
| curtime()   |
+------------+
| 16:47:53    |
+------------+
1 row in set (0.00 sec)
```

（4）week(date)：返回 date 日期是一年中的第几周。

```
mysql> select week('2020-07-01');
```

输出结果：

```
+-----------------------+
| week('2020-07-01') |
+-----------------------+
|                       26 |
+--------------------- --+
1 row in set (0.00 sec)
```

（5）year(date)、month(date)、day(date)：返回 date 日期中的年份、月份、日。

```
mysql> select year('2020-07-01'), month('2020-07-01'), day('2020-07-01');
```

输出结果：

```
+----------------------+--------------------------+----------------------+
| year('2020-07-01') | month ('2020-07-01') | day('2020-07-01') |
```

```
+----------------------+--------------------------+----------------------+
|                 2020 |                        7 |                    1 |
+----------------------+--------------------------+----------------------+
1 row in set (0.00 sec)
```

（6）datediff(date1,date2)：返回 date1 与 date2 间隔的天数。

```
mysql> select datediff('2020-07-01','2020-06-01');
```

输出结果：

```
+------------------------------------------+
| datediff('2020-07-01','2020-06-01') |
+------------------------------------------+
|                                       30 |
+------------------------------------------+
1 row in set (0.00 sec)
```

结果解析：如果 date1 日期比 date2 日期小，则输出为负值。

（7）adddate(date,n)：返回 date 日期添加 n 天后的新日期。

```
mysql> select adddate('2020-07-01',10);
```

输出结果：

```
+-----------------------------+
| adddate('2020-07-01',10) |
+-----------------------------+
| 2020-07-11                  |
+------------------------- ---+
1 row in set (0.00 sec)
```

4.3 转换函数

接下来要介绍的转换函数主要包括：对日期使用 DATE_FORMAT 函数，对字符串使用 STR_TO_DATE 函数，以及 CAST 函数和 CONVERT 函数。

1．对日期使用 DATE_FORMAT()函数

前面使用日期时间函数时，获取的要么是“yyyy-mm-dd”形式的日期，要么是“hh:mm:ss”形式的时间，或者是“yyyy-mm-dd hh:mm:ss”形式的日期及时间，其输出格式都已经确定。但在日常生活中，每次提及日期时间信息都有不同的关注侧重点，例如，我只想知道今天是几号，或者是星期几，或者时间是几点几分。这时可以使用 DATE_FORMAT()函数来根据自己的需求获取指定的日期时间信息。

DATE_FORMAT，即日期格式化，顾名思义，可以将日期格式化为各种各样的形式。首先来看一下 MySQL 中都支持哪些日期时间格式，如表 4-4 所示。

表 4-4　MySQL 支持的日期时间格式

格　式	描　述	格　式	描　述
%a	缩写星期名	%W	星期名
%b	缩写月名	%P	AM 或 PM
%c	月（1～12）	%m	月（01～12）
%D	带英文缩写的月中某天	%d	日（00～31）
%M	英文月名	%f	微秒
%T	时间，24 小时制（hh:mm:ss）	%S	秒
%H	小时（00～23）	%k	小时（0～23）
%h	小时（01～12）	%I	小时（1～12）
%i	分钟，数值（00～59）	%Y	4 位数的年份
%j	年中某天（001～366）	%y	2 位数的年份

下面来做一些具体演示。

（1）显示今天是星期几。

```
mysql> select date_format(now(),'%W');
```

输出结果：

```
+------------------------------+
| date_format(now(),'%W') |
+------------------------------+
| Wednesday                    |
+------------------------------+
1 row in set (0.00 sec)
```

上面例子可以使用“%a”代替“%W”，输出结果为“Wed”。

（2）只显示年月，且年用 4 位数字的形式来表示，年、月之间使用“-”连接。

```
mysql> select date_format(now(),'%Y-%c');
```

输出结果：

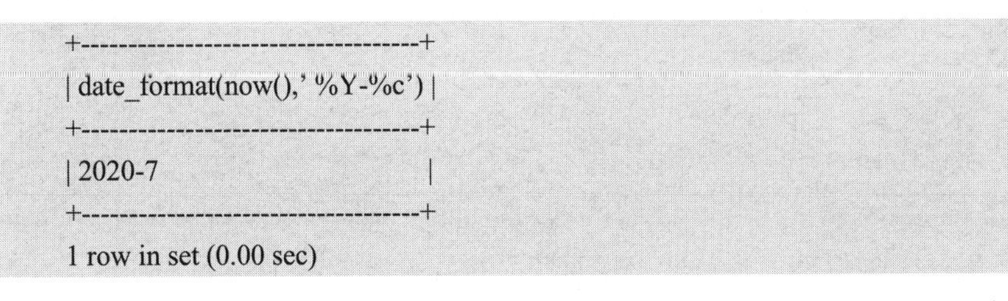

```
+-----------------------------------+
| date_format(now(),' %Y-%c') |
+-----------------------------------+
| 2020-7                            |
+-----------------------------------+
1 row in set (0.00 sec)
```

若年份只显示 2 位，则上面例子可以使用“%y”代替“%Y”，输出结果为“20-7”。

（3）显示当前时间的分钟数和秒数，分和秒之间用“:”连接。

```
mysql> select date_format(curtime(),'%i:%S');
```

输出结果：

```
+--------------------------------------+
| date_format(curtime(),'%i:%S') |
+--------------------------------------+
| 45:17                                 |
+--------------------------------------+
1 row in set (0.00 sec)
```

该函数的输出形式非常灵活，可以根据需要进行任意输出格式的搭配，这里就不一一进行举例说明了。读者可以在自己的数据库环境中使用 date_formate()函数来熟悉这些日期时间格式。

2．对字符串使用 STR_TO_DATE()函数

前面利用 date_formate()函数，按照自己希望的格式来输出日期时间。从用户界面接收到的信息都是以字符串的形式进行传递的，如何把字符串转换为日期类型进行存储呢？答案是可使用 str_to_date()函数。

把字符串转换为日期时间需要注意以下几点：

①待转换字符串中只能出现数字，否则返回结果为 null；

②如果格式字符串仅包含日期，则待转字符串至少需要 8 位数字，转换时默认前四位是年份，中间两位是月份，最后两位是日期，格式字符串无须使用“-”区分日期各部分，结果会自动用“-”拼接日期各个部分；

③转换后日期时间必须有效，否则返回结果为 null；

④如果被转字符串超出 8 位且格式字符串中无时间格式，则自动取前 8 位转换为日期；

⑤格式字符串可包含时间格式，格式字符串无须使用“:”区分时间各部分，结果中的时间部分会自动用“:”连接各个部分。

str_to_date()函数的用法和 date_format()基本一致，只是输出数据的类型不同，前提都是需要熟悉输出格式，参照表 4-4。

接下来就上述 5 点注意事项进行举例说明：

（1）待转换字符串中只能出现数字，否则返回结果为 null。

```
mysql> select str_to_date('2020070a','%Y%m%d')
```

输出结果：

```
+------------------------------------------+
| str_to_date('2020070a','%Y%m%d') |
+------------------------------------------+
| null                                      |
+------------------------------------------+
1 row in set (0.00 sec)
```

（2）如果格式字符串仅包含日期，则待转换字符串至少需要 8 位数字。

```
mysql> select str_to_date('202007','%Y%m%d')
```

输出结果：

```
+------------------------------------------+
| str_to_date('202007','%Y%m%d') |
```

```
+------------------------------------------+
| null                                     |
+------------------------------------------+
1 row in set (0.00 sec)
```

结果解析：字符串“202007”低于 8 位，其结果返回 null。

（3）转换后日期时间必须有效，否则返回结果为 null。

```
mysql> select str_to_date('20201301','%Y%m%d')
```

输出结果：

```
+------------------------------------------+
| str_to_date('20201301','%Y%m%d') |
+------------------------------------------+
| null                                     |
+------------------------------------------+
1 row in set (0.00 sec)
```

结果解析：“20201301”转换为日期后得到的月份是 13，超出有效范围，故结果返回 null。

（4）如果被转字符串超出 8 位且格式字符串中无时间格式，则自动取前 8 位转换为日期。

```
mysql> select str_to_date('2020070110','%Y%m%d')
```

输出结果：

```
+--------------------------------------------+
| str_to_date('2020070110','%Y%m%d') |
+--------------------------------------------+
| 2020-07-01                                 |
+--------------------------------------------+
1 row in set (0.00 sec)
```

（5）格式字符串可以包含时间格式。

```
mysql> select str_to_date('20200701104523','%Y%m%d%H%i%S')
```

输出结果：

```
+------------------------------------------------------------+
| str_to_date('20200701104523','%Y%m%d%H%i%S') |
+------------------------------------------------------------+
| 2020-07-01 10:45:23                                        |
+------------------------------------------------------------+
1 row in set (0.00 sec)
```

3. CAST 函数与 CONVERT 函数

前面介绍的两个函数用于字符串和日期类型之间进行相互转换，而有时我们需要数据之间的转换不仅仅局限在字符串和日期之间。接下来介绍的 CAST 函数和 CONVERT 函数可实现数据在不同类型之间进行转换。

cast()函数和 convert()函数对比：

（1）两者都是进行数据类型转换，作用基本等同。

（2）两者的语法不同。

①cast()函数的语法如下：

```
cast(value as type)
```

其中，value 表示待转换数据；as 为固定语法格式；type 表示转换后的数据类型。

②convert()函数的语法如下：

```
convert(value,type)
```

其中，value 表示待转换数据；type 表示转换后的数据类型。

无论是 cast()函数还是 convert()函数，它们的转换也有一定的局限性，那就是它们仅支持以下数据类型的转换：

①binary：二进制类型；

②char：字符类型；

③date：日期类型；

④time：时间类型；

⑤datetime：日期时间类型；

⑥decimal：浮点型；

⑦signed：整型；

⑧unsigned：无符号整型。

下面通过示例进行演示。

（1）数字和小数点组成的字符串转换为整型。

```
mysql> select cast('3.12' as signed)
```

输出结果：

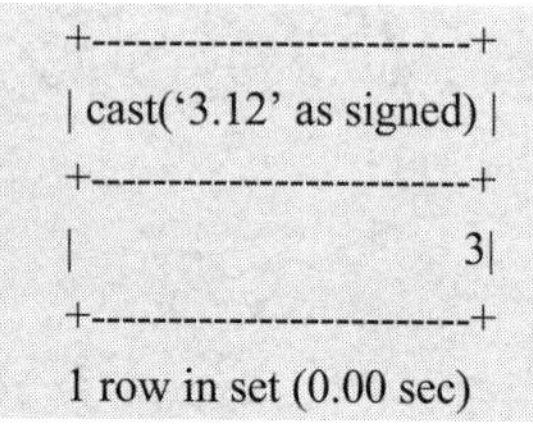

```
+------------------------+
| cast('3.12' as signed) |
+------------------------+
|                       3|
+------------------------+
1 row in set (0.00 sec)
```

使用 convert()函数则是“convert('3.12',signed)”，得到的结果相同。

（2）非数值字符串转换为整型。

```
mysql> select cast('30a1.12' as signed)
```

输出结果：

```
+---------------------------+
| cast('30a1.12' as signed) |
+---------------------------+
|                         30|
+---------------------------+
1 row in set, 1 warning (0.00 sec)
```

在转换为整型时，如果遇到无法识别的字符则停止转换，只返回能正常识别的部分。如果一开始就无法识别，则返回 0。

（3）把整型转换为二进制型。

```
mysql> select cast(123 as binary)
```

输出结果：

```
+---------------------+
| cast(123 as binary) |
+---------------------+
| 0x313233            |
+---------------------+
1 row in set (0.00 sec)
```

（4）数字和小数点组成的字符串转换为浮点型。

```
mysql> select cast(12.34 as decimal(3,1))
```

输出结果：

```
+------------------------+
| cast(12.34 as decimal |
+------------------------+
|                   12.3 |
+------------------------+
1 row in set (0.00 sec)
```

结果解析：decimal(m,n)，其中 m>n，表示总共 m 位数据，其中小数 n 位，整数 m-n 位。其他类型之间的转换，读者可以在自己的 MySQL 数据库中去尝试，此处就不一一举例了。

4.4 通 用 函 数

接下来要介绍的是一些使用频率非常高的通用函数，主要有条件判断函数、系统信息函数、加密函数以及格式化函数。

1. 条件判断函数

关于条件判断函数，主要介绍以下三种：

（1）if()函数，其基本语法如下：

```
if(expr,value1,value2)
```

其中，expr 是条件判断表达式，如果 expr 为真则返回 value1，否则返回 value2。

举例说明：

```
mysql> select if(1>2,1,2))
```

输出结果：

```
+-------------+
| if(1>2,1,2) |
+-------------+
```

```
|            2|
+-------------+
1 row in set (0.00 sec)
```

（2）ifnull()函数，其基本语法如下：

```
ifnull(value1,value2)
```

该函数先判断 value1，如果 value1 不为 null 则返回 value1，否则返回 value2。

举例说明：

```
mysql> select ifnull(null,1))
```

输出结果：

```
+--------------+
| ifnull(null,1) |
+--------------+
|             1 |
+--------------+
1 row in set (0.00 sec)
```

（3）case()函数，其基本语法如下：

```
case expr when value1 then result1 [when value2 then result2……when valuen then resultn] [else default] end
```

如果 expr 等于其中一个 value 的值，则返回对应 then 后的结果；如果都不等，则返回 else 后面的 default。

举例说明：

①成功匹配其中一条 when 分支。

```
mysql> select case 2 when 1 then ‘A’ when 2 then ‘B’ when 3 then ‘C’ else ‘D’ end);
```

输出结果：

```
+-------------------------------------------------------------------------+
| case 2 when 1 then ‘A’ when 2 then ‘B’ when 3 then ‘C’ else ‘D’ end |
+-------------------------------------------------------------------------+
| B                                                                       |
+-------------------------------------------------------------------------+
1 row in set (0.00 sec)
```

②所有 when 分支匹配失败，进入 else 默认分支。

```
mysql> select case 5 when 1 then ‘A’ when 2 then ‘B’ when 3 then ‘C’ else ‘D’ end);
```

输出结果：

```
+-------------------------------------------------------------------------+
| case 2 when 1 then ‘A’ when 2 then ‘B’ when 3 then ‘C’ else ‘D’ end |
+-------------------------------------------------------------------------+
| D                                                                       |
+-------------------------------------------------------------------------+
1 row in set (0.00 sec)
```

2．系统信息函数

当用户需要知道当前 MySQL 数据库的一些基本信息和使用情况时，可以使用系统信息函数来获取相关信息，以随时掌握数据库的使用情况。

如表 4-5 所示列出了一些常用的系统信息函数。

表 4-5　常用的系统信息函数

函　　数	作　　用
version()	返回数据库版本号
connection_id()	返回服务器的连接数
database()	返回当前数据库名
user()	返回当前用户
charset(s)	返回字符串 s 的字符集
collation(s)	返回字符串 s 排列方式
show processlist	显示当前用户的连接信息

（1）查看当前 MySQL 数据库版本号。

```
mysql> select version();
```

输出结果：

```
+-----------+
| version() |
+-----------+
| 8.0.20    |
+-----------+
1 row in set (0.00 sec)
```

（2）查看当前使用的数据库。

```
mysql> select database();
```

输出结果：

```
+------------+
| database() |
+------------+
| world      |
+------------+
1 row in set (0.00 sec)
```

结果解析：如果之前没有使用语句“use 数据库名;”来确定数据库的使用，那么返回的结果为 null。

（3）查看当前服务器的连接数。

```
mysql> select connection_id();
```

输出结果：

```
+------------------+
| connection_id() |
+------------------+
|                 8|
+------------------+
1 row in set (0.00 sec)
```

其他函数的使用，大家可以自己去尝试。

3．加密函数

（1）使用 MD5 进行加密。MD5 是一种被广泛使用的加密方法，它是一个密码散列函数，可以产生一个 128 位的散列值，这些值按一定规则进行排序。当保护对象发生变化后，其 MD5 的值也会不一样，所以 MD5 经常用来验证数据有没有被篡改。

使用方式如下：

```
mysql> select MD5(123);
```

输出结果：

```
+------------------------------------------+
| MD5(123)                                 |
+------------------------------------------+
|202cb962ac59075b964b07152d234b70|
+------------------------------------------+
1 row in set (0.00 sec)
```

（2）使用 SHA 进行加密。SHA 和 MD5 一样，也是一个密码散列函数，是 FIFS 认证的安全散列算法，比 MD5 更安全。

使用方式如下：

```
mysql> select sha(123);
```

输出结果：

```
+--------------------------------------------------+
| sha(123)                                         |
+--------------------------------------------------+
|40bd001563085fc35165329ea1ff5c5ecbdbbeef |
+--------------------------------------------------+
1 row in set (0.00 sec)
```

4．格式化函数

用户经常会要求按照某种格式输出数据，以方便阅读、快速掌握数据信息。前面学习的日期时间函数其实就是一种格式化函数，通过函数把日期转化为需要的格式。

接下来介绍的格式化函数是 format()函数。使用该函数可得到“##,###.####”这种格式的输出。其基本语法如下：

```
format(value,n)
```

其中，value 是被格式化的数据；n 表示保留的小数位数。

（1）对整数进行格式化，带 2 位小数。

```
mysql> select format(1000,2);
```

输出结果：

```
+------------------+
| format(1000,2)                                        |
+------------------+
|1,000.00          |
+------------------+
1 row in set (0.00 sec)
```

（2）对浮点数进行格式化，带 2 位小数。

```
mysql> select format(1000.125,2);
```

输出结果：

```
+----------------------+
| format(1000.125,2) |
+----------------------+
|1,000.13              |
+----------------------+
1 row in set (0.00 sec)
```

结果解析：可以看到该函数具有四舍五入的功能。

4.5 多行函数（组函数）

现在我们已经知道，查询返回的结果有一行和多行的情况。在前面我们学习了单行函数，单行函数只能对一行进行处理。那么有没有函数可以处理多行的返回结果呢？答案就是多行函数。

1. 多行函数介绍

多行函数，即组函数，也叫聚合函数，它们的作用是对一组（至少 2 条）记录进行统计计算，并得到统计结果。

在使用多行函数时需要注意以下两点：

（1）默认情况下，多行函数忽略值为 null 的记录，不会把它们拿来参与运算。

（2）默认情况下，多行函数会统计重复值，不会自动去重。

常用的多行函数如表 4-6 所示，input 表示字段名。

表 4-6 常用的多行函数

函　数	说　明
AVG(input)	求平均值
SUM(input)	求和
MAX(input)	求最大值
MIN(input)	求最小值
COUNT(input)	统计总数

接下来对表 4-6 中的多行函数进行演示。

（1）求 country 表中所有国家/地区人口的平均值，其 SQL 语句实现如下：

```
mysql> select avg(population) as 平均人口 from country;
```

输出结果：

```
+--------------------+
|平均人口            |
+--------------------+
|    25434098.1172 |
+--------------------+
1 row in set (0.00 sec)
```

结果解析：求平均值一般会出现小数位，但像人口数这样的数据出现小数位就显得不合适了。我们可以结合第 3 章的求四舍五入的单行函数，把小数点去掉。修改后的 SQL 语句如下：

```
mysql> select round(avg(population),0) as 平均人口 from country;
```

输出结果：

```
+--------------------+
|平均人口            |
+--------------------+
|        25434098    |
+--------------------+
1 row in set (0.00 sec)
```

在 round 函数中设置保留 0 位小数，所以结果只有整数部分。

（2）求 country 表中所有国家/地区人口的总数，其 SQL 语句实现如下：

```
mysql> select sum(population) as 人口总数 from country;
```

输出结果：

```
+--------------------+
|人口总数            |
+--------------------+
|    6078749450      |
+--------------------+
1 row in set (0.00 sec)
```

（3）求 country 表中人口最多和最少国家/地区的人口数量，其 SQL 语句实现如下：

```
mysql> select max(population) as 最多人口数,min(population) as 最少人口数 from country;
```

输出结果：

```
+--------------------+--------------------+
|最多人口数          |最少人口数          |
+--------------------+--------------------+
|    1277558000      |                  0 |
```

```
+--------------------+--------------------+
1 row in set (0.00 sec)
```

注意：world 示例数据库中的数据仅供 MySQL 操作练习使用，不确保数据真实性。

（4）求 country 表中总共有多少个国家/地区，其 SQL 语句实现如下：

```
mysql> select count(name) as 国家总数 from country;
```

输出结果：

```
+--------------------+
|国家总数            |
+--------------------+
|              239   |
+--------------------+
1 row in set (0.00 sec)
```

2．分组统计

关于多行函数，上面所举例子均是直接对整个表进行数据统计。已知在 city 这个表中有 4079 条记录，在这些记录中有多个城市属于同一个国家/地区。如果想统计 city 表中各个国家/地区的人口总数该怎么办？

分析：countrycode 码相同的城市即属于同一个国家/地区，我们以国家/地区为单位进行分组开展人数统计。

分组同样使用 GROUP BY 来完成，其 SQL 语句如下：

```
mysql> select countrycode,sum(population) from city group by countrycode;
```

输出结果：

```
+-------------+-----------------+
| countrycode | sum(population) |
+-------------+-----------------+
| ABW         |           29034 |
| AFG         |         2332100 |
| AGO         |         2561600 |
| AIA         |            1556 |
| ALB         |          270000 |
| AND         |           21189 |
……
| ZAF         |        15196370 |
| ZMB         |         2473500 |
| ZWE         |         2730420 |
+-------------+-----------------+
232 rows in set (0.01 sec)
```

结果解析：每个国家/地区都会有一个统计结果，总共有 232 个国家/地区。

使用 GROUP BY 进行分组时要注意：

①GROUP BY 一般和多行函数一起使用。

②使用分组统计时，SELECT 子句后要么是多行函数，要么是 GROUP BY 子句中用于分

组的字段。换句话说，分组后，只能查询组的值或组的统计值。

③对 GROUP BY 的结果进行筛选，使用 HAVING 关键字。

例如，只显示国家/地区人口数超过 90000000 的记录，其 SQL 语句修改如下：

```
mysql> select countrycode,sum(population) from city group by countrycode having sum(population) > 90000000;
```

输出结果：

```
+---------------+--------------------+
| countrycode | sum(population) |
+---------------+--------------------+
| CHN         |       175953614 |
| IND         |       123298526 |
| PAK         |       225746745 |
3 rows in set (0.01 sec)
```

4.6 本 章 小 结

本章着重介绍的是 MySQL 提供的系统函数。这些函数包括字符串函数、数值函数、日期时间函数、转换函数、通用函数以及多行函数。这些函数经常与 SELECT 子句一起使用，可以让我们快速地对字符串、数值进行转换，对日期时间进行格式化输出，增强数据访问安全性，对数据进行统计分析等。

本章主要知识点包括：

（1）函数是完成某一特定功能的代码集合，系统函数则是 MySQL 已经为用户准备好可直接使用的函数；

（2）对字符串的处理，如大小写转换、截取等，可使用字符串函数；

（3）对数值进行舍入、开方操作以及生成随机数等，可使用数值函数；

（4）对日期的获取使用日期时间函数，如果对日期时间的输出有特殊要求，则采用函数 date_format()对日期时间进行格式化处理；

（5）使用 str_to_date()函数可以把字符串转换为日期时间格式；

（6）cast()函数和 convert()函数可实现不同数据类型之间的转换；

（7）条件判断函数 if()和 case()可建立简单的分支流程；

（8）查看数据库版本、服务器连接情况等使用系统信息函数；

（9）使用 MD5、SHA 等加密函数可对数据加密；

（10）求一组数据的最大值、最小值、平均值、总和以及总数等信息，需要在分组基础上使用多行函数来统计。

另外，读者可以扩展学习以下内容：

（1）其他日期数据类型，如 date、time、datetime、timestamp；

（2）函数的嵌套使用。

4.7　本章练习

单选题

（1）以下哪个函数不能用来处理字符串？（　　）

A．upper()函数　　B．concat()函数　　C．sqrt()函数　　D．length()函数

（2）执行“select ceil(10.9);”语句，得到的结果是（　　）。

A．10　　B．11　　C．10.0　　D．11.0

（3）执行“select floor(10.9);”语句，得到的结果是（　　）。

A．10　　B．11　　C．10.0　　D．11.0

（4）执行“select datediff(‘2020-07-01’,’2020-06-10’);”语句，得到的结果是（　　）。

A．21　　B．22　　C．20　　D．19

（5）执行“select datediff(‘2020-07-01’,’2020-07-10’);”语句，得到的结果是（　　）。

A．10　　B．-10　　C．9　　D．-9

（6）执行“select str_to_date(‘2020031123’,’%Y%m%d’)”语句，得到的结果是（　　）。

A．null　　B．2020-03-11　　C．20200311　　D．2020031123

（7）执行“select cast(‘12a34.5b6’ as signed)”语句，得到的结果是（　　）。

A．12a34　　B．12a34.5b6　　C．12　　D．null

（8）假设 a=3，执行“select if(a+1>5,’true’,’false’) ”语句，得到的结果是（　　）。

A．3　　B．true　　C．null　　D．false

（9）以下哪个函数只能处理单行记录？（　　）

A．sum()函数　　B．round()函数　　C．avg()函数　　D．count()函数

（10）关于组函数，下列说法中正确的是（　　）。

A．组函数会自动去掉重复值

B．使用 WHERE 子句对分组统计结果过滤

C．使用组函数时，SELECT 子句后的字段可以为表中的任意字段

D．默认情况下，组函数忽略值为 null 的记录

第5章 多表查询

本章简介

通过第4章的学习，我们掌握了很多MySQL内置函数。这些函数可以为数据处理、转换和统计带来便利。到目前为止，我们所有的操作都是在一张表中进行的，如果我们要查找的数据分别存放在多张表中，那该如何实现呢？本章将介绍MySQL中的多表查询功能，通过多表查询我们可以从多个表中查询信息并整合成最终结果。具体内容大致分为两类——连接查询和子查询。

5.1 连接查询

实际的信息系统中，数据不可能只存储在一张表中。所有的关系数据库都支持多表连接查询，其原理是把多个表按某种规则拼接起来，视作新表，在此基础上进行过滤、分组等。表与表之间的连接方法有多种，本章主要介绍等值连接、自然连接、自连接、非等值内连接、外连接。

1. 等值连接

等值连接的语法较为简单，其语法格式如下：

```
select   table1.column1,table2.column2
from   table1, table2
where   table1.column3 = table2.column4
```

其中，SELECT子句后可跟连接的表中的任意字段，FROM子句后跟用来连接的表，而WHERE子句后的table1.column=table2.column即为连接条件。其含义是，将两表中符合条件的记录横向拼接起来，在此基础上选择结果集中要呈现的字段。也可以在WHERE子句中追加过滤条件对记录进行筛选。

接下来举个例子，通过countrycode字段相等这个条件把city表和countrylanguage表连接起来，显示前10条记录的所有字段，这样在结果中不仅可以看到城市信息，还可以看到其对应国家/地区的详细信息。SQL语句如下：

```
mysql> select * from city,countrylanguage
            where city.countrycode = countrylanguage.countrycode limit 10;
```

输出结果：

```
+----+--------+-----------------+----------+------------+----------------+--------------+------------+-------------+
| ID | Name     | CountryCode | District | Population | CountryCode | Language       | IsOfficial | Percentage |
+----+--------+-----------------+----------+------------+----------------+--------------+------------+-------------+
|   1 | Kabul       | AFG           | Kabol       | 1780000 | AFG              | Balochi       | F              |           0.9 |
|   1 | Kabul       | AFG           | Kabol       | 1780000 | AFG              | Dari            | T              |         32.1 |
|   1 | Kabul       | AFG           | Kabol       | 1780000 | AFG              | Pashto        | T              |         52.4 |
|   1 | Kabul       | AFG           | Kabol       | 1780000 | AFG              | Turkmenian | F              |           1.9 |
|   1 | Kabul       | AFG           | Kabol       | 1780000 | AFG              | Uzbek          | F              |           8.8 |
|   2 | Qandahar | AFG         | Qandahar |     237500 | AFG              | Balochi       | F              |           0.9 |
|   2 | Qandahar | AFG         | Qandahar |     237500 | AFG              | Dari            | T              |         32.1 |
|   2 | Qandahar | AFG         | Qandahar |     237500 | AFG              | Pashto        | T              |         52.4 |
|   2 | Qandahar | AFG         | Qandahar |     237500 | AFG              | Turkmenian | F              |           1.9 |
|   2 | Qandahar | AFG         | Qandahar |     237500 | AFG              | Uzbek          | F              |           8.8 |
+----+--------+-----------------+----------+------------+----------------+--------------+------------+-------------+
10 rows in set (0.07 sec)
```

结果解析：可以看到，结果集中 countrycode 字段出现了两次，说明默认情况下等值连接并不会去掉重复字段。

在等值连接中，如果查询的字段在结果集中是唯一的，那么可直接写字段名；否则，必须在字段名前加上表名以示区分。

如下例所示，查询城市名称、国家/地区代码以及该城市使用的语言，name、language 字段可以不加表名前缀，但 countrycode 字段必须加表名前缀：

```
mysql> select name,city.countrycode,language
          from city,countrylanguage
          where city.countrycode = countrylanguage.countrycode
          limit 10;
```

输出结果：

```
+-------------+--------------+--------------+
| name          | countrycode | language     |
+-------------+--------------+--------------+
| Kabul         | AFG              | Balochi       |
| Kabul         | AFG              | Dari            |
| Kabul         | AFG              | Pashto        |
| Kabul         | AFG              | Turkmenian |
| Kabul         | AFG              | Uzbek          |
| Qandahar | AFG              | Balochi       |
| Qandahar | AFG              | Dari            |
| Qandahar | AFG              | Pashto        |
| Qandahar | AFG              | Turkmenian |
| Qandahar | AFG              | Uzbek          |
+-------------+--------------+--------------+
10 rows in set (0.00 sec)
```

结果解析：name 和 language 字段在两个表中是唯一的、无歧义的，所以查询该字段的

时候，字段前面没有加表名；而 countrycode 字段在两个表中都存在，所以查询的时候须在字段前面加上表名。

但是，为了提高性能，避免字段名的使用产生歧义，在多表连接查询的时候，建议以“表名.字段名”的方式来书写 SELECT 子句。

2．表别名

上面例子实现的功能很简单，但 SQL 语句却很长。主要原因是表名比较长，书写出来的 SELECT 子句和 FROM 子句也就变长。可使用表别名来解决这个问题。

表别名和字段别名类似，就是给表起另外一个名字。不过两者的不同点在于，字段别名是为了让结果易于理解，而表别名则是为了让 SQL 语句简单化。

表别名直接写在表名后即可，其语法格式如下，：

```
select   t1.column1,t2.column2
from   table1 t1, table2 t2
where   t1.column3 = t2.column4
```

在 FROM 子句中原表名的后面定义别名，在其他子句中就可以使用该别名了。

根据语法，修改此前案例，将 city 表别名定为 ci，countrylanguage 表别名定为 co，修改后的 SQL 语句如下：

```
mysql> select name,ci.countrycode,language
            from city ci,countrylanguage co
            where ci.countrycode = co.countrycode
            limit 10;
```

输出结果：

```
+------------+--------------+--------------+
| name       | countrycode | language     |
+------------+--------------+--------------+
| Kabul      | AFG          | Balochi      |
| Kabul      | AFG          | Dari         |
| Kabul      | AFG          | Pashto       |
| Kabul      | AFG          | Turkmenian |
| Kabul      | AFG          | Uzbek        |
| Qandahar | AFG          | Balochi      |
| Qandahar | AFG          | Dari         |
| Qandahar | AFG          | Pashto       |
| Qandahar | AFG          | Turkmenian |
| Qandahar | AFG          | Uzbek        |
+------------+--------------+--------------+
10 rows in set (0.00 sec)
```

两条 SQL 语句相比，使用表别名后语句变得更简洁了。

需要说明的是，使用表别名时，表别名的作用范围仅限该条 SQL 语句中，离开这个 SQL 语句后无效。

3．多表等值连接

前面介绍的等值连接由 2 张表完成，如果连接的表超过 2 张，则需要使用 and 来组合多个等值条件，具体语法格式如下：

```
select   t1.column1,t2.column2,t3.column3
from   table1 t1, table2 t2,table3 t3
where   t1.column4 = t2.column5 and t1.column6 = t3. column7
```

在上例的基础上，除了显示城市名称和该城市的语言，还需要显示城市所属区域，该怎么查询呢？我们发现，记录区域的字段信息存放在 country 表中，此时我们需要对 3 张表做等值连接，只显示连接后的前 10 条记录，实现的 SQL 语句如下，：

```
mysql> select ci.name,ci.countrycode,co.language,c.region
         from city ci,countrylanguage co,country c
         where ci.countrycode=co.countrycode and ci.countrycode=c.code
         limit 10;
```

输出结果：

```
+----------------+-------------+------------+---------------------------+
| name           | countrycode | language   | region                    |
+----------------+-------------+------------+---------------------------+
| Oranjestad     | ABW         | Dutch      | Caribbean                 |
| Oranjestad     | ABW         | English    | Caribbean                 |
| Oranjestad     | ABW         | Papiamento | Caribbean                 |
| Oranjestad     | ABW         | Spanish    | Caribbean                 |
| Herat          | AFG         | Balochi    | Southern and Central Asia |
| Mazar-e-Sharif | AFG         | Balochi    | Southern and Central Asia |
| Herat          | AFG         | Dari       | Southern and Central Asia |
| Mazar-e-Sharif | AFG         | Dari       | Southern and Central Asia |
| Herat          | AFG         | Pashto     | Southern and Central Asia |
| Mazar-e-Sharif | AFG         | Pashto     | Southern and Central Asia |
+----------------+-------------+------------+---------------------------+
10 rows in set (0.00 sec)
```

等值连接的关键是找到表与表之间的桥梁（等值条件），通过桥梁构建一个信息更全面的表，以达到多表查询的目的。

4．自然连接

在等值连接中，我们并没有强调用来连接的字段名必须相同，只要字段值相等即可进行连接。在等值连接中，如果用于连接的两个字段，其字段名与数据类型完全相同，如 city 表中的 countrycode 字段与 countrylanguage 中的 countrycode 字段，这种特殊情况可使用自然连接。换句话说，自然连接是特殊的等值连接，特殊之处在于多个表中用于连接的字段同名且同类型。自然连接使用关键字 natural join，其语法格式如下：

```
select   t1.column1,t2.column2
from   table1 t1
natural join table2 t2
```

使用该语法，解析引擎会自动探测两个表中相同的字段并设定等值条件，这样的字段可以不止一个，有多少个这样的字段就会生成多少个等值条件。相比显式等值连接来说，该语法结构更为简洁。

利用自然连接修改此前例子，SQL 语句如下：

```
mysql> select ci.name,ci.countrycode,co.language
            from city ci
            natural join countrylanguage co
            limit 10;
```

输出结果：

```
+-------------+---------------+---------------+
| name        | countrycode | language    |
+-------------+---------------+---------------+
| Kabul       | AFG           | Balochi     |
| Kabul       | AFG           | Dari        |
| Kabul       | AFG           | Pashto      |
| Kabul       | AFG           | Turkmenian |
| Kabul       | AFG           | Uzbek       |
| Qandahar | AFG           | Balochi     |
| Qandahar | AFG           | Dari        |
| Qandahar | AFG           | Pashto      |
| Qandahar | AFG           | Turkmenian |
| Qandahar | AFG           | Uzbek       |
+-------------+---------------+---------------+
10 rows in set (0.00 sec)
```

可以看到，此 SQL 语句中没有使用 WHERE 字句，也没有出现连接符，但是也达到了等值连接的效果。这是因为，自然连接会自动去查找两个表中是否有相同的字段（字段名相同，字段类型也相同），找到后自动完成等值连接。如果连接的表中没有相同字段，将返回一个空结果，如下示例：

```
mysql> select ci.name,ci.countrycode,co.code
            from city ci natural join country co;
Empty set (0.16 sec)
```

自然连接还会自动去掉重复列：

```
mysql> select * from city natural join countrylanguage limit 10;
```

输出结果：

```
+-----------------+----+------------+----------+------------+--------------+------------+------------+
| CountryCode   | ID | Name       | District | Population | Language     | IsOfficial | Percentage |
+-----------------+----+------------+----------+------------+--------------+------------+------------+
| AFG             |  1 | Kabul      | Kabol    | 1780000 | Balochi      | F          |        0.9 |
| AFG             |  1 | Kabul      | Kabol    | 1780000 | Dari         | T          |       32.1 |
| AFG             |  1 | Kabul      | Kabol    | 1780000 | Pashto       | T          |       52.4 |
| AFG             |  1 | Kabul      | Kabol    | 1780000 | Turkmenian | F          |        1.9 |
| AFG             |  1 | Kabul      | Kabol    | 1780000 | Uzbek        | F          |        8.8 |
| AFG             |  2 | Qandahar | Qandahar |  237500 | Balochi      | F          |        0.9 |
| AFG             |  2 | Qandahar | Qandahar |  237500 | Dari         | T          |       32.1 |
```

```
| AFG          |  2 | Qandahar | Qandahar |   237500 | Pashto      | T          |        52.4 |
| AFG          |  2 | Qandahar | Qandahar |   237500 | Turkmenian  | F          |         1.9 |
| AFG          |  2 | Qandahar | Qandahar |   237500 | Uzbek       | F          |         8.8 |
+--------------+----+----------+----------+----------+-------------+------------+-------------+
10 rows in set (0.07 sec)
```

可以看到结果集中 countrycode 字段只出现了一次。

自然连接需要 MySQL 判定表中相同的字段，在有多个相同字段时，如果想指定以某个字段进行等值连接，需要使用 join…using…语法来指定，其语法格式如下：

```
select   t1.column1,t2.column2
from   table1 t1
join table2 t2
using(字段)
```

注意：该语法中不再使用 natural。其中，“字段”是指 table1 和 table2 中相同的列。上述例子使用 USING 子句后，执行结果如下：

```
mysql> select * from city join countrylanguage using(countrycode) limit 10;
```

输出结果：

```
+--------------+----+----------+----------+------------+-------------+------------+------------+
| CountryCode  | ID | Name     | District | Population | Language    | IsOfficial | Percentage |
+--------------+----+----------+----------+------------+-------------+------------+------------+
| AFG          |  1 | Kabul    | Kabol    | 1780000    | Balochi     | F          |        0.9 |
| AFG          |  1 | Kabul    | Kabol    | 1780000    | Dari        | T          |       32.1 |
| AFG          |  1 | Kabul    | Kabol    | 1780000    | Pashto      | T          |       52.4 |
| AFG          |  1 | Kabul    | Kabol    | 1780000    | Turkmenian  | F          |        1.9 |
| AFG          |  1 | Kabul    | Kabol    | 1780000    | Uzbek       | F          |        8.8 |
| AFG          |  2 | Qandahar | Qandahar |   237500   | Balochi     | F          |        0.9 |
| AFG          |  2 | Qandahar | Qandahar |   237500   | Dari        | T          |       32.1 |
| AFG          |  2 | Qandahar | Qandahar |   237500   | Pashto      | T          |       52.4 |
| AFG          |  2 | Qandahar | Qandahar |   237500   | Turkmenian  | F          |        1.9 |
| AFG          |  2 | Qandahar | Qandahar |   237500   | Uzbek       | F          |        8.8 |
+--------------+----+----------+----------+------------+-------------+------------+------------+
10 rows in set (0.07 sec)
```

需要注意：

①using 里面的字段不能加表名作为前缀，该字段此时是一个连接字段，不再属于某张单独的表。

②连接的表中必须拥有相同字段才能使用 using。

除了 join…using…子句，还可以使用 join…on…子句完成类似的功能，其语法格式如下：

```
select   t1.column1,t2.column2
from   table1 t1
join table2 t2
on(t1.字段=t2.字段)
```

其中，ON 子句中的字段名可以不同。

上述例子用 ON 子句修改后的 SQL 语句如下：

```
mysql> select * from city ci join countrylanguage co on(ci.countrycode = co.countrycode) limit 10;
```

输出结果：

```
+----+--------+----------------+---------+------------+----------------+--------------+------------+------------+
| ID | Name   | CountryCode | District | Population | CountryCode | Language   | IsOfficial | Percentage |
+----+--------+----------------+---------+------------+----------------+--------------+------------+------------+
|  1 | Kabul    | AFG    | Kabol    | 1780000 | AFG    | Balochi    | F    |    0.9 |
|  1 | Kabul    | AFG    | Kabol    | 1780000 | AFG    | Dari       | T    |   32.1 |
|  1 | Kabul    | AFG    | Kabol    | 1780000 | AFG    | Pashto     | T    |   52.4 |
|  1 | Kabul    | AFG    | Kabol    | 1780000 | AFG    | Turkmenian | F    |    1.9 |
|  1 | Kabul    | AFG    | Kabol    | 1780000 | AFG    | Uzbek      | F    |    8.8 |
|  2 | Qandahar | AFG    | Qandahar |  237500 | AFG    | Balochi    | F    |    0.9 |
|  2 | Qandahar | AFG    | Qandahar |  237500 | AFG    | Dari       | T    |   32.1 |
|  2 | Qandahar | AFG    | Qandahar |  237500 | AFG    | Pashto     | T    |   52.4 |
|  2 | Qandahar | AFG    | Qandahar |  237500 | AFG    | Turkmenian | F    |    1.9 |
|  2 | Qandahar | AFG    | Qandahar |  237500 | AFG    | Uzbek      | F    |    8.8 |
+----+--------+----------------+---------+------------+----------------+--------------+------------+------------+
10 rows in set (0.00 sec)
```

需要注意：

①使用 ON 子句，不会消除重复列，因为 ON 中的等值条件无须列相同；

②使用 ON 子句，连接的字段名可以不同，相当于“where **=**”的一种替代品。

现在要完成对城市的名称、行政区名以及城市面积的查询，需要连接 city 表和 country 表。使用 ON 子句完成该查询，仅显示前 10 条记录，其 SQL 语句如下：

```
mysql> select ci.name,ci.district,c.surfacearea
          from city ci join country c
          on(ci.countrycode = c.code)
          limit 10;
```

输出结果：

```
+------------------+------------+----------------+
| name             | district   | surfacearea    |
+------------------+------------+----------------+
| Oranjestad       | –          |      193.00 |
| Kabul            | Kabol      |   652090.00 |
| Qandahar         | Qandahar   |   652090.00 |
| Herat            | Herat      |   652090.00 |
| Mazar-e-Sharif   | Balkh      |   652090.00 |
| Luanda           | Luanda     |  1246700.00 |
| Huambo           | Huambo     |  1246700.00 |
| Lobito           | Benguela   |  1246700.00 |
| Benguela         | Benguela   |  1246700.00 |
| Namibe           | Namibe     |  1246700.00 |
```

```
+--------------------+-------------+-----------------+
10 rows in set (0.00 sec)
```

通过对 USING 子句和 ON 子句的使用，可以得出以下结论：

（1）使用 USING 子句进行连接时，结果中用于连接的列不会重复出现；而使用 ON 子句的结果中，在不进行干预的情况下，用于连接的列会出现两次。

（2）使用 USING 子句时，连接的表必须有相同的字段；而使用 ON 子句时可以不相同，使用比较灵活。

5．自连接

自连接，就是一张表与自己进行连接。这种连接有什么用意呢？下面通过一个示例进行说明。

现在准备有一张员工信息表（employee），其信息如表 5-1 所示。

表 5-1　员工信息表

emp_id	emp_name	mgr_id	emp_salary
1001	章	null	8000
1002	力	1001	6000
1003	潘	1002	4000

emp_id 为 1001 的员工就是该企业最大的领导，所以其 mgr_id 为 null。查询所有员工的姓名以及上级领导的姓名，实现的 SQL 语句如下：

```
mysql> select e1.emp_name,e2.emp_name mgr
           from employee e1,employee e2
           where e1.mgr_id = e2.emp_id;
+------------+--------+
| emp_name | mgr   |
+------------+--------+
| 力         |章     |
| 潘         |力     |
+------------+--------+
2 rows in set (0.00 sec)
```

6．非等值内连接

非等值内连接，是指连接的条件不是使用“=”计算，而是其他关系运算的结果。

例如，现在小学成绩实行等级制，只给出 A、B、C、D、E 几个等级。但是无论哪个等级，都需要对应一个成绩范围。那么，在成绩表中，如何查询出等级达到“A”的学生呢？

笔者在这里建立 2 张表来说明这个问题。

第 1 张表是学生成绩表（score），表结构为 score(name,score)，其信息如表 5-2 所示。

表 5-2　学生成绩表

姓名（name）	成绩（score）
小明	95
小张	85
小李	75

第 2 张表是成绩等级表（level），表结构为 level(level,low,high)，其信息如表 5-3 所示。

表 5-3　成绩等级表

等级（level）	最低分（low）	最高分（high）
A	90	100
B	80	89
C	70	79
D	60	69
E	0	59

现在通过非等值内连接，实现对学生姓名及对应等级的查询，实现的 SQL 语句如下：

```
mysql>select s.name,le.level
        from score s,level le
        where score between le.low and le.high;
```

输出结果：

```
+---------+--------+
| Name    | level  |
+---------+--------+
| 小明    | A      |
| 小张    | B      |
| 小李    | C      |
+---------+---------+
3s rows in set (0.00 sec)
```

7．外连接

前面提到了内连接，自然也存在外连接。外连接分为左外连接和右外连接（MySQL 中没有全连接）。此外，还有一种特殊的连接叫交叉连接，即笛卡儿积。

（1）左外连接。

左外连接简称左连接，是指对两个表进行连接时，返回左表的全部记录及右表中符合条件的记录，右表没有匹配的记录用 null 补全。使用左连接的 SQL 语法格式如下：

```
select   *
from   table1 t1 left join table2 t2
on(t1.column1 = t2.column2)
```

其中，“left join”是“left outer join”的简写。左连接的结果如图 5-1 中阴影部分所示。

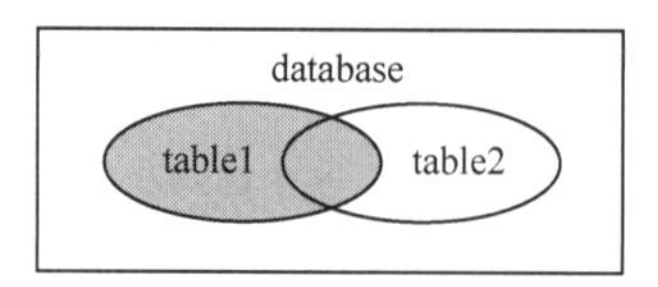

图 5-1　左连接结果示意图

举例来说，对 city 表与 country 表进行左连接，查询城市的代码和面积，其实现 SQL 语句如下：

```
mysql>select ci.countrycode,c.surfacearea
        from city ci left join country c on(ci.name = c.name);
```

输出结果：

```
+---------------+----------------+
| countrycode   | surfacearea    |
+---------------+----------------+
| COL           |       29800.00 |
| DJI           |       23200.00 |
| GIB           |           6.00 |
| KWT           |       17818.00 |
| MAC           |          18.00 |
| PHL           |     1958201.00 |
| SGP           |         618.00 |
| SMR           |          61.00 |
| AFG           |           NULL |
| AFG           |           NULL |
| AFG           |           NULL |
……
| PSE           |           NULL |
| PSE           |           NULL |
+---------------+----------------+
4079 rows in set (0.17 sec)
```

因为左表 city 表里面有 4079 条记录，左连接后的结果也是 4079 条记录。而满足条件的右表信息都正常显示出来，不满足的则使用 null 来补全。

（2）右外连接。

右外连接简称右连接，右连接刚好和左连接相反，返回右表的全部记录及左表中符合条件的记录，左表没有匹配的记录用 null 补全。使用右连接的 SQL 语法格式如下：

```
select  *
from   table1 t1right join table2 t2
on(t1.column1 = t2.column2)
```

其中，“right join” 是 “right outer join” 的简写。右连接的结果如图 5-2 中阴影部分所示。

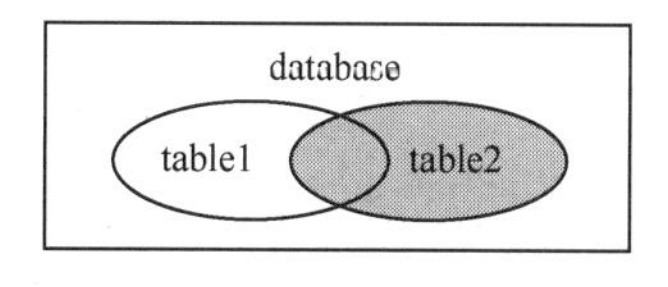

图 5-2　右连接结果示意图

举例来说，对 city 表与 country 表进行右连接，查询城市的代码和面积，其实现 SQL 语句如下：

```
mysql>select ci.countrycode,c.surfacearea
        from city ci right join country c
        on(ci.name = c.name);
```

输出结果：

```
+----------------+------------------+
| countrycode   | surfacearea     |
+----------------+------------------+
| DJI            |       23200.00 |
| PHL            |     1958201.00 |
| GIB            |           6.00 |
| COL            |       29800.00 |
| KWT            |       17818.00 |
| MAC            |          18.00 |
| SMR            |          61.00 |
| SGP            |         618.00 |
| NULL           |         193.00 |
| NULL           |      652090.00 |
| NULL           |     1246700.00 |
……
| NULL           |     1221037.00 |
| NULL           |      752618.00 |
| NULL           |      390757.00 |
+----------------+------------------+
239 rows in set (0.18 sec)
```

因为右表 country 表里面只有 239 条记录，右连接后的结果也是 239 条记录。而满足条件的左表信息都正常显示出来，不满足的则使用 null 来补全。

（3）笛卡儿积。

笛卡儿积也叫交叉连接，其原理就是一张表中的每一条记录都要和另一张表中的每一条记录进行连接。如果两张表分别有 n 和 m 条记录，进行笛卡儿积的结果有 $n \times m$ 条记录。

笛卡儿积使用 join 来连接，基本语法格式如下：

```
select * from table1 join table2;
```

继续以成绩表和等级表为例，进行笛卡儿积，其实现 SQL 语句如下：

```
mysql>select * from socre join level;
```

输出结果：

```
+------------+---------+-----------+---------+----------+
| name       | score   | level     | low     | high     |
+------------+---------+-----------+---------+----------+
|小明        | 95      | A         | 90      | 100      |
|小张        | 85      | A         | 90      | 100      |
|小李        | 75      | A         | 90      | 100      |
|小明        | 95      | B         | 80      | 89       |
|小张        | 85      | B         | 80      | 89       |
|小李        | 75      | B         | 80      | 89       |
|小明        | 95      | C         | 70      | 79       |
|小张        | 85      | C         | 70      | 79       |
```

```
|小李        |75     |C          |70     |79       |
|小明        |95     |D          |60     |69       |
|小张        |85     |D          |60     |69       |
|小李        |75     |D          |60     |69       |
|小明        |95     |E          |0      |59       |
|小张        |85     |E          |0      |59       |
|小李        |75     |E          |0      |59       |
15 rows in set (0.00 sec)
```

简单来说，笛卡儿积是没有条件的连接，这会导致乘法效应，产生的数据量远远超过需要的数据，且多数配对不符合业务逻辑。因此应尽量避免在连接查询中使用笛卡儿积。

5.2　子　查　询

1. 子查询简介

所谓子查询，就是 SELECT 查询语句中还有 SELECT 查询语句，里面的称为子查询或内查询，外面的称为主查询或外查询。

根据查询结果记录数量，子查询可以分为两类：

①单行子查询；

②多行子查询。

根据内外查询的相关性，又可以分为：

①不相关子查询；

②相关子查询。

使用子查询需要注意以下几点：

①子查询要放在小括号对里面；

②子查询一般放在条件判断的右侧；

③对于单行子查询，常用搭配操作符有>、<、=、<>、>=、<=等；

④对于多行子查询，常用搭配操作符有 IN、ANY、ALL 等；

⑤不相关子查询，子查询先于主查询，用子查询的结果构造外查询的条件；

⑥相关子查询，以 EXISTS 为代表，是一个内外一一匹配的过程。

2. 单行子查询

只返回一行结果的子查询，称为单行子查询。对于单行子查询的结果，我们可以使用单行操作符来构造外查询条件，如>、<、=等。

例如，想要知道 city 表中人口数量超过 Tokyo 的城市有哪些，并显示这些城市的所有信息。

采用子查询形式的 SQL 语句如下：

```
mysql> select * from city
            where population >
                  (select population from city where name='tokyo');
```

输出结果：

```
+------+---------------------------+----------------+----------------------+----------------+
| ID    | Name                      | CountryCode | District             | Population    |
```

```
+------+---------------------------+----------------+--------------------+----------------+
|  206 | São Paulo                 | BRA            | São Paulo          |       9968485 |
|  939 | Jakarta                   | IDN            | Jakarta Raya       |       9604900 |
| 1024 | Mumbai (Bombay)           | IND            | Maharashtra        |      10500000 |
| 1890 | Shanghai                  | CHN            | Shanghai           |       9696300 |
| 2331 | Seoul                     | KOR            | Seoul              |       9981619 |
| 2515 | Ciudad de México          | MEX            | Distrito Federal   |       8591309 |
| 2822 | Karachi                   | PAK            | Sindh              |       9269265 |
| 3357 | Istanbul                  | TUR            | Istanbul           |       8787958 |
| 3580 | Moscow                    | RUS            | Moscow (City)      |       8389200 |
| 3793 | New York                  | USA            | New York           |       8008278 |
+------+---------------------------+----------------+--------------------+----------------+
10 rows in set (0.00 sec)
```

这就是单行子查询，其含义是先查询城市 Tokyo 的人口数量，以此结果为算子参与“<”运算，作为主查询的过滤条件。

3. 多行子查询

返回多行结果的子查询，称为多行子查询。对于多行子查询的结果，我们可以使用多行操作符来进一步构造查询条件，如 IN、ANY、ALL。

简单介绍一下这 3 个多行操作符的含义：

①IN：等于多行子查询返回的结果中的任意一个即可；

②ANY：和多行子查询返回的某一个值进行比较即可；

③ALL：和多行子查询返回的所有值进行比较。

下面就这 3 个多行子查询操作运算符进行举例。

（1）查询所有和国家“ABW”有共同语言的国家。

实现的 SQL 语句如下：

```
mysql>select distinct countrycode
        from countrylanguage
        where language in (select language from countrylanguage where countrycode='abw');
```

输出结果：

```
+--------------+
| countrycode |
+--------------+
| ABW          |
| AIA          |
| AND          |
……
| ZAF          |
| ZWE          |
+------------+
84 rows in set (0.00 sec)
```

结果解析：子查询首先会查出 ABW 这个国家有 4 种语言，然后利用 IN 操作符把使用 4 种语言之一的国家编码显示出来，最后利用 DISTINCT 去掉重复行。

（2）查询人口数比 TTO 这个国家下任意城市人口数小的城市信息，换句话说，对某一城市 X，只要 TTO 下任一城市人口数比 X 人口数大，那么 X 就进入查询结果。

实现的 SQL 语句如下：

```
mysql> select * from city
         where population < any (select population from city where countrycode = 'TTO')
         and countrycode<> 'TTO';
```

输出结果：

```
+------+--------------------------+----------------+--------------------+---------------+
| ID   | Name                     | CountryCode | District            | Population    |
+------+--------------------------+----------------+--------------------+---------------+
|   33 | Willemstad               | ANT         | Curaçao             |       2345 |
|   53 | Tafuna                   | ASM         | Tutuila             |       5200 |
|   54 | Fagatogo                 | ASM         | Tutuila             |       2323 |
|   55 | Andorra la Vella         | AND         | Andorra la Vella |      21189 |
|   61 | South Hill               | AIA         | –                   |        961 |
|   62 | The Valley               | AIA         | –                   |        595 |
|   63 | Saint John′s             | ATG         | St John             |      24000 |
|  129 | Oranjestad               | ABW         | –                   |      29034 |
|  174 | Bridgetown               | BRB         | St Michael          |       6070 |
|  184 | Belize City              | BLZ         | Belize City         |      55810 |
……
| 3536 | Mata-Utu                 | WLF         | Wallis              |       1137 |
| 3537 | Port-Vila                | VUT         | Shefa               |      33700 |
| 3538 | Città del Vaticano       | VAT         | –                   |        455 |
| 4067 | Charlotte Amalie         | VIR         | St Thomas           |      13000 |
+------+--------------------------+----------------+--------------------+---------------+
81 rows in set (0.00 sec)
```

结果解析：在 city 表中 TTO 这个国家共有 2 个城市，人口数量分别是 56601 和 43396，通过子查询先获取这两个数据。然后利用 ANY 操作符，将比这两个数据中任何一个数据小的城市信息都查询出来。这里面包含了 TTO 这个国家本身的城市，与题意不合，所以在主查询后面加了个条件，排除 TTO 这个国家的城市。

（3）查询人口数量比 TTO 这个国家所有城市人口数量都小的城市信息，换句话说，人口数小于 TTO 下城市最小人口数的城市会进入查询结果。

实现的 SQL 语句如下：

```
mysql> select * from city
         where population <all (select population from city where countrycode = 'TTO');
```

输出结果：

```
+------+--------------------------+----------------+--------------------+---------------+
| ID   | Name                     | CountryCode | District            | Population    |
+------+--------------------------+----------------+--------------------+---------------+
|   33 | Willemstad               | ANT         | Curaçao             |       2345 |
|   53 | Tafuna                   | ASM         | Tutuila             |       5200 |
```

```
|   54 | Fagatogo               | ASM        | Tutuila          |        2323 |
……
| 3536 | Mata-Utu               | WLF        | Wallis           |        1137 |
| 3537 | Port-Vila              | VUT        | Shefa            |       33700 |
| 3538 | Città del Vaticano     | VAT        | –                |         455 |
| 4067 | Charlotte Amalie       | VIR        | St Thomas        |       13000 |
+------+------------------------+------------+------------------+-------------+
75 rows in set (0.00 sec)
```

结果解析：使用 ALL 操作运算符意味着要和子查询所有结果比较（而不是任一个），所以结果数据量比使用 ANY 要少。

4．相关子查询 EXISTS

首先，我们需明确不相关子查询和相关子查询的概念。

- 不相关子查询：子查询的查询条件不依赖于父查询。
- 相关子查询：子查询的查询条件依赖于外层父查询的某个属性值，带 EXISTS 的子查询就是相关子查询。

EXISTS 表示存在量词，带有 EXISTS 的子查询不返回任何记录的数据，只返回逻辑值“True”或“False”。

相关子查询执行过程为先在外层查询中取第一行记录，用该记录相关的属性值（在内层 WHERE 子句中给定的）处理内层查询，若外层的 WHERE 子句返回“True”值，则将这条记录放入结果表中。然后再取下一行记录，重复上述过程直到外层表的记录全部遍历一次为止。

已知国家名“Netherlands”，查询该国所有城市的信息：

```
mysql> select * from city c1
where exists
(select * from country c2 where c1.countrycode = c2.code and c2.name='Netherlands');
```

输出结果：

```
+-----+-------------+------------+----------------+------------+
| ID  | Name        | CountryCode | District      | Population |
+-----+-------------+------------+----------------+------------+
|   5 | Amsterdam   | NLD        | Noord-Holland  |     731200 |
|   6 | Rotterdam   | NLD        | Zuid-Holland   |     593321 |
|   7 | Haag        | NLD        | Zuid-Holland   |     440900 |
|   8 | Utrecht     | NLD        | Utrecht        |     234323 |
|   9 | Eindhoven   | NLD        | Noord-Brabant  |     201843 |
……
| 28 | Zwolle       | NLD        | Overijssel     |     105819 |
| 29 | Ede          | NLD        | Gelderland     |     101574 |
| 30 | Delft        | NLD        | Zuid-Holland   |      95268 |
| 31 | Heerlen      | NLD        | Limburg        |      95052 |
| 32 | Alkmaar      | NLD        | Noord-Holland  |      92713 |
+-----+-------------+------------+----------------+------------+
28 row in set (0.60 sec)
```

显然，该语句可改写为：

```
mysql> select * from city c1
where c1.countrycode=
(select code from country where name='Netherlands');
```

就这两条语句而言，第二条的性能优于第一条。EXISTS 语句和其他子查询的性能比较，是一个复杂的问题，此处不打算深究，但可以给大家一个简单的规则做参考：子查询结果大（行数多）可用 EXISTS，子查询结果小可用“=”或 IN 等子查询。

NOT 是对 IN、BETWEEN、EXISTS 等取反，读者可自行改写上述例子来体验。

5.3 本章小结

本章介绍多表连接查询，使用多表连接查询可从多个表中提取数据。多表连接查询有多种方法：首先是等值连接、自然连接、自连接（自然连接、自连接实际上都是特殊的等值连接），然后是非等值连接、外连接、笛卡儿积等。本章也介绍了子查询，用内查询的结果来构建外查询的查询条件。

主要知识点如下。

（1）通过等值连接构造等值条件，将多张表中符合条件的记录横向拼接起来。

（2）使用表别名可以让 SQL 语句变得更简洁。

（3）当进行等值连接的字段一模一样时，可以使用自然连接（natural join）；存在多个相同字段时，使用 USING 和 ON 关键字来指定用于连接的字段。

（4）表可以和自己进行连接，这种连接方式叫自连接。

（5）外连接分左外连接和右外连接，左外连接以左表为基准，右外连接以右表为基准。

（6）笛卡儿积是一种特殊的连接，会导致乘法效应，产生的数据量远远超过需要的数据，且多数配对不符合业务逻辑，需要尽量避免笛卡儿积的出现。

（7）根据查询结果记录数量，子查询分为单行子查询和多行子查询；根据内外查询的相关性，子查询又可以分为不相关子查询和相关子查询；对于单行子查询，经常和操作符>、<、=、<>、>=、<=搭配使用；对于多行子查询，经常和操作符 IN、ANY、ALL 搭配使用；相关子查询使用的关键字是 EXISTS。

另外，读者可以扩展学习以下内容。

（1）Oracle 数据库支持 full join 进行全连接，而 MySQL 不支持 full join，读者可以学习 Oracle 中的 full join 的用法。

（2）MySQL 中并没有集合操作（并、交、叉），但是可以通过其他操作间接完成集合操作，读者可自行扩展。

（3）本章关于多表的示例都是以 2 张表为主，读者可以应用本章讲解的知识去尝试 3 张或更多表的查询操作。

5.4 本章练习

单选题

（1）以下关于等值连接的说法中正确的是（　　）

A．进行等值连接时，参与连接的表的字段名可以不一样

B．进行等值连接时，参与连接的表的字段名必须一样

C．等值连接只能在 2 张不同的表上进行操作

D．等值连接的结果会去掉重复列

（2）city 是表名，name 是 city 表中的字段，以下 SQL 语句中不正确的是（　　）。

A．select name from city;　　　　B．select c.name from city c;

C．select city.name from city c;　　　　D．select name from city c;

（3）下列说法中正确的是（　　）。

A．等值连接就是自然连接

B．自然连接时，参与连接的表的字段可以不一样

C．等值连接时，参与连接的表的字段必须一样

D．自然连接是等值连接中的一种特殊情况

（4）以下说法中正确的是（　　）。

A．等值连接后的结果集不大于自然连接的结果集

B．自然连接会自动去掉重复列

C．使用 USING 进行连接时，参与连接的字段在多表中可以不相同

D．使用 ON 进行连接时，参与连接的字段在多表中必须相同

（5）以下哪个用于完成左连接？（　　）

A．join　　　　B．natural join　　　　C．left join　　　　D．right join

（6）下列哪个操作符不适合多行子查询？（　　）

A．<>　　　　B．ALL　　　　C．IN　　　　D．ANY

（7）有 city 表和 countrylanguage 表，两表中有一个相同字段 countrycode，以下 SQL 语句中错误的是（　　）。

A．select * from city natural join countrylanguage;

B．select * from city join countrylanguage using(countrycode);

C．select * from city join countrylanguage;

D．select * from city join countrylanguage on(countrycode);

（8）以下哪条 SQL 语句实现的是“返回其他城市中比 countrycode 为‘VIR’的任何一个城市人口数量低的城市信息”？（　　）

A．select * from city where population in (select population from city where countrycode='VIR') and countrycode != 'VIR';

B．select * from city where population < any(select population from city where countrycode='VIR') and countrycode <> 'VIR';

C．select * from city where population < all(select population from city where countrycode='VIR') and countrycode <> 'VIR';

D．select * from city where population < any(select population from city where countrycode='VIR') and countrycode != 'VIR';

第6章

DML、TCL和DDL

本章简介

从本章开始，我们将对MySQL数据库中的表以及表中的数据进行管理，主要包括对表进行创建、修改、截断、删除，对表中数据进行插入、修改、删除等基本操作；接着对数据库中的事务以及约束进行讲解。学习完本章后，读者应能够对MySQL数据库进行一些基本的管理操作。

6.1 数据操纵语言DML

数据操纵语言（Data Manipulation Language，DML）是SQL语言的核心部分之一。在添加、更新或者删除表中的数据时，需要执行DML语句。很多时候我们提到数据库的基本操作，都会说增、删、改、查，为什么DML里面没有查询？因为SELECT查询语句属于数据查询语言（Data Query Language，DQL），不属于DML，只是在日常工作中，多数研发人员、数据库管理员都习惯性地将SELECT语句归入DML中，这一点需要大家弄清楚。接下来，我们一起学习DML。

1. INSERT语句

INSERT语句用于向表中插入新的记录。其基本语法形式如下：

```
INSERT INTO table[(column1, column2…)]
VALUES (value1,value2…)
```

其中，table是表名；column1、column2…是表中的字段名列表，用“,”隔开；value1、value2…是字段对应的值列表。

INSERT语句可以有两种书写形式。

第一种形式无须指定要插入数据的列名，只需提供被插入的值即可。例如，往city表中插入一条阿富汗（代码AFG）这个国家的城市信息，先查看插入前city表中现存的阿富汗的城市，其SQL语句如下：

```
mysql> select * from city where countrycode ='AFG';
```

输出结果：

```
+-----+------------------+----------------+------------+------------+
| ID  | Name             | CountryCode | District    | Population |
+-----+------------------+----------------+------------+------------+
|    1 | Kabul            | AFG            | Kabol      |  1780000 |
|    2 | Qandahar        | AFG            | Qandahar |    237500 |
|    3 | Herat             | AFG            | Herat       |    186800 |
|    4 | Mazar-e-Sharif | AFG            | Balkh       |    127800 |
+----+------------------+----------------+------------+-------------+
4 rows in set (0.00 sec)
```

接下来，往 city 表中插入的城市信息如表 6-1 所示。

表 6-1　插入记录信息表

ID	Name	CountryCode	District	Population
4080	Farah	AFG	Farah	500000

因为 city 中已经存在 4079 条记录，此时我们的 ID 为 4080。实现插入的 SQL 语句如下：

```
mysql> insert into city values(4080,'Farah','AFG','Farah',500000);
```

输出结果：

```
Query OK, 1 row affected (0.10 sec)
```

该方式因为没有在表名后面跟字段名，所以插入的信息必须和表中字段的顺序保持一致。检查插入信息是否完成，结果如下：

```
mysql> select * from city where countrycode ='AFG';
```

输出结果：

```
+-----+------------------+----------------+------------+------------+
| ID  | Name             | CountryCode | District    | Population |
+-----+------------------+----------------+------------+------------+
|    1 | Kabul            | AFG            | Kabol      |  1780000 |
|    2 | Qandahar        | AFG            | Qandahar |    237500 |
|    3 | Herat             | AFG            | Herat       |    186800 |
|    4 | Mazar-e-Sharif | AFG            | Balkh       |    127800 |
|4080 | Farah            | AFG            | Farah       |    500000 |
+----+------------------+----------------+------------+-------------+
5 rows in set (0.00 sec)
```

第二种形式就是表名后面跟字段名，此时字段名的顺序可以随意指定，不需要按照表中字段的顺序列出。待插入的城市信息如表 6-2 所示。

表 6-2　待插入记录信息表

ID	Name	CountryCode	District	Population
4081	Balkh	AFG	Balkh	400000

实现插入的 SQL 语句如下：

```
mysql> insert into city(Name,District,ID,CountryCode,Population) values('Balkh','Balkh',4081,'AFG',400000);
```

输出结果：

```
Query OK, 1 row affected (0.06 sec)
```

表名后的字段顺序已经被打乱了，此时 values 后面的值就必须和前面的字段顺序保持一致。检查插入后的信息，结果如下：

```
mysql> select * from city where countrycode ='AFG';
```

输出结果：

```
+-----+------------------+----------------+------------+------------+
| ID  | Name             | CountryCode | District    | Population |
+-----+------------------+----------------+------------+------------+
|    1 | Kabul            | AFG            | Kabol      |   1780000 |
|    2 | Qandahar         | AFG            | Qandahar |    237500 |
|    3 | Herat            | AFG            | Herat      |    186800 |
|    4 | Mazar-e-Sharif | AFG            | Balkh      |    127800 |
|4080 | Farah            | AFG            | Farah      |    500000 |
|4081 | Balkh            | AFG            | Balkh      |    400000 |
+----+------------------+----------------+------------+-------------+
6 rows in set (0.00 sec)
```

从结果可知，插入的信息仍然会按原表的字段顺序进行显示。

在表中我们可以设置整数类型的字段进行自动增长（后面会细讲），city 表中的 ID 拥有自动增长属性。设置了该属性的字段，在进行插入操作的时候，其值使用 null 来代替。插入一个阿富汗城市，待插入的城市信息如表 6-3 所示。

表 6-3　待插入记录信息表

ID	Name	CountryCode	District	Population
null	Ghor	AFG	Ghor	300000

其 SQL 语句如下：

```
mysql> insert into city(ID,Name, CountryCode, District ,Population) values(null,'Ghor','AFG', 'Ghor',300000);
```

输出结果：

```
Query OK, 1 row affected (0.06 sec)
```

检查插入后的信息，结果如下：

```
mysql> select * from city where countrycode ='AFG';
```

输出结果：

```
+-----+------------------+----------------+------------+------------+
| ID  | Name             | CountryCode | District    | Population |
+-----+------------------+----------------+------------+------------+
|    1 | Kabul            | AFG            | Kabol      |   1780000 |
```

```
|    2 | Qandahar       | AFG          | Qandahar |      237500 |
|    3 | Herat          | AFG          | Herat    |      186800 |
|    4 | Mazar-e-Sharif | AFG          | Balkh    |      127800 |
| 4080 | Farah          | AFG          | Farah    |      500000 |
| 4081 | Balkh          | AFG          | Balkh    |      400000 |
| 4082 | Ghor           | AFG          | Ghor     |      300000 |
+----+-------------------+----------------+------------+-------------+
7 rows in set (0.00 sec)
```

这里需要强调两点。

（1）在插入记录的时候，一般要求表名后面跟上字段名，这样对于软件开发人员来说，可以提高代码的可读性。

（2）在插入数据的时候，需要满足该表的其他约束，city 表中就存在一个外键约束 countrycode。

说明：有关约束的内容，本章后面会详细介绍。

2. UPDATE 语句

修改数据也是经常用到的数据库管理操作。在数据库中使用 UPDATE 语句对数据进行修改，其基本语法形式如下：

```
UPDATE table SET column1=value1, column2=value2 [where 子句]
```

UPDATE、SET 是该语法的固定形式。其中，table 表示的是表名；column1、column2 表示的是要修改的字段名；value1、value2 表示的是修改后的值。

值得注意的是，在使用 UPDATE 语句时，通常需要使用 WHERE 子句进行条件限制，用来指定被修改的行。如果没有 WHERE 子句，则表中所有的记录都会被修改。

将 ID 为 4082 的这条记录的人口数量更改为 350000，其 SQL 语句如下：

```
mysql> update city set population = 350000 where id = 4082;
```

输出结果：

```
Query OK, 1 row affected (0.10 sec)
Rows matched: 1  Changed: 1  Warnings: 0
```

查看修改后的结果如下：

```
mysql> select * from city where id = 4082;
```

输出结果：

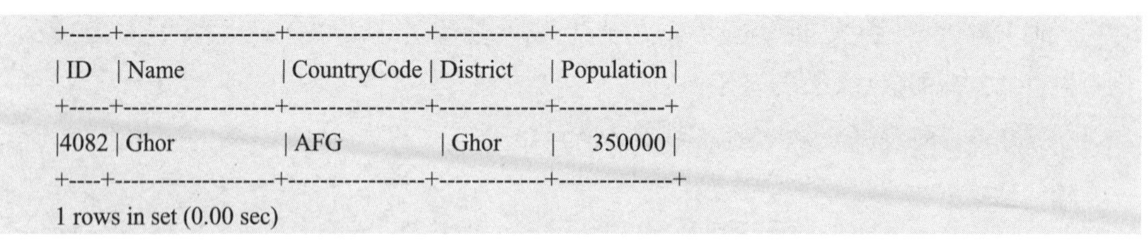

```
+-----+------------------+----------------+------------+------------+
| ID   | Name            | CountryCode | District   | Population |
+-----+------------------+----------------+------------+------------+
| 4082 | Ghor            | AFG          | Ghor     |      350000 |
+----+-------------------+----------------+------------+-------------+
1 rows in set (0.00 sec)
```

UPDATE 也可以同时更新多个字段，如语法介绍的那样，多字段之间用“,”隔开。同时更新 ID 为 4082 的这条记录的 District 字段和 Population 字段，其 SQL 语句如下：

```
mysql> update city set district='Ghor1',population='355000' where id=4082;
```

输出结果：

```
Query OK, 1 row affected (0.11 sec)
Rows matched: 1    Changed: 1    Warnings: 0
```

查看修改后的结果如下：

```
mysql> select * from city where id = 4082;
```

输出结果：

```
+-----+------------------+-----------------+-------------+-------------+
| ID   | Name            | CountryCode | District     | Population |
+-----+------------------+-----------------+-------------+-------------+
|4082 | Ghor             | AFG            | Ghor1      |    355000 |
+----+-------------------+-----------------+-------------+--------------+
1 rows in set (0.00 sec)
```

和 INSERT 语句一样，使用 UPDATE 语句时也要注意字段的约束控制。

3. DELETE 语句

数据库操作语言 DML 包括 INSERT 语句、UPDATE 语句以及 DELETE 语句。接下来要介绍的就是删除语句，其基本语法形式如下：

```
DELETE FROM table [WHERE…]
```

其中，table 表示表名，如果 DELETE 子句中不写 WHERE 子句，那么删除的将会是表中的所有数据。

现删除 city 表中 ID 为 4082 的城市记录，其 SQL 语句如下：

```
mysql> delete from city where id = 4082;
```

输出结果：

```
Query OK, 1 row affected (0.26 sec)
```

利用 SELECT 子句查看删除后的结果：

```
mysql> select * from city where id = 4082;
```

输出结果：

```
Empty set (0.00 sec)
```

同时删除多条记录可以使用 in 连接符来完成。例如，现在要同时删除 city 表中 ID 为 4080 和 4081 的两条记录，其 SQL 语句如下：

```
mysql> delete from city where id in(4080,4081);
```

输出结果：

```
Query OK, 2 rows affected (0.09 sec)
```

查看结果如下：

```
mysql> select * from city where id in(4080,4081);
```

输出结果：

```
Empty set (0.00 sec)
```

利用 DELETE 子句删除记录的时候，一定要结合 WHERE 子句使用，进行精确删除。DELETE 子句后不跟 WHERE 子句的另外一个用途，就是进行清空数据操作。

6.2　事务处理语言 TCL

在进行数据操作的时候，往往会有很多不确定的事件发生，这些事情通常都具有破坏性，会导致数据不一致或者缺失等。

假设有读者在银行 ATM 机上取 5000 元现金，ATM 点钱过程中突然断电了，读者只取出一部分现金，而卡中余额提示已经扣掉了 5000 元，怎么办？这种时候，我们就需要一种机制来保证数据结果的一致性。在数据库中，这个机制就叫作事务。

1．事务简介

事务（Transaction）是数据库操作的最小工作单元，是作为单个逻辑执行的一系列操作（比如上述案例中的输入取款金额，得到现金，取回磁卡等操作）的集合；这些操作作为一个整体一起向系统提交，要么都执行，要么都不执行。事务是不可再分割的。

事务具有四大特征，即常说的 ACID。

（1）原子性（Atomicity）。事务是数据库的逻辑工作单位，事务中包含的各操作要么都执行，要么都不执行。

（2）一致性（Consistency）。事务执行的前后数据都处于合法状态，不会违背任何的数据完整性和逻辑的正确性，这就是“一致”的意思。以转账为例，转出账户的钱减少，但转入账户的钱没有增加，就不符合一致性。再以转账为例，无论有多少个账户、多少个并行事务，其总数必然是一致的。原子性有助于保证数据的一致性，但不能完全保证。

（3）隔离性（Isolation）。一个事务的执行不能被其他事务所干扰，即一个事务内部的操作及使用的数据对其他并发事务是隔离的，并发执行的各个事务之间不能互相干扰。换句话说，事务之间感知不到彼此的存在。

（4）持续性（Durability）。又叫永久性，指一个事务一旦提交，它对数据库中的数据的改变就应该是永久的，接下来的其他操作或故障不应该对其执行结果有任何影响。

2．事务控制

事务的控制是通过一系列控制语句来完成的，代表着事务的各个阶段。常用的事务控制语句如表 6-4 所示。

表 6-4　事务控制语句

语　　句	说　　明
BEGIN（START TRANSACTION）	开始一个新的事务
SAVEPOINT	设置事务的保存点
COMMIT	提交事务
ROLLBACK	回滚当前事务到初始状态，撤销提交前的操作
ROLLBACK TO SAVEPOINT name	回滚当前事务到指定保存点 name，并撤销保存点后的操作

续表

语　　句	说　　明
SET AUTOCOMMIT	设置当前连接是否自动提交事务，1 表示启用自动提交，0 表示禁用自动提交
RELEASE SAVEPOINT	释放保存点
SET TRANSACTION	设置事务的隔离级别

查看当前事务是否设置了自动提交，其 SQL 语句如下：

```
mysql> select @@autocommit;
```

输出结果：

```
+--------------------+
| @@autocommit |
+--------------------+
|                  1 |
+--------------------+
1 row in set (0.00 sec)
```

该值为 1，即 MySQL 默认启用事务的自动提交模式，不用输入提交命令（COMMIT）。所谓自动提交，是指每一条数据操作语句（DML）都自动成为一个事务，事务的开始是隐式的。

为了突出事务的特点，笔者把事务提交方式设置为禁止自动提交，其 SQL 语句如下：

```
mysql> set autocommit = 0;
```

输出结果：

```
Query OK, 0 rows affected (0.00 sec)
```

查看修改结果：

```
mysql> select @@autocommit;
```

输出结果：

```
+--------------------+
| @@autocommit |
+--------------------+
|                  0 |
+--------------------+
1 row in set (0.00 sec)
```

利用 DELETE 子句，将 city 表中 ID 为 1 的记录删除，其 SQL 语句如下：

```
mysql> delete from city where id = 1;
```

输出结果：

```
Query OK, 1 row affected (0.00 sec)
```

接着查询 ID 为 1 的记录此时是否存在，其 SQL 语句如下：

```
mysql> select * from city where id = 1;
```

输出结果：

```
Empty set (0.00 sec)
```

从结果看，数据已经被删除，但此时事务并没有提交。所以，当前对数据的操作还没有完全写入数据库中，使用 ROLLBACK 来回滚事务，返回到该操作之前，其 SQL 语句如下：

```
mysql> rollback;
```

输出结果：

```
Query OK, 0 rows affected (0.07 sec)
```

再次查看 ID 为 1 的记录是否存在，结果如下：

```
mysql> select * from city where id = 1;
```

输出结果：

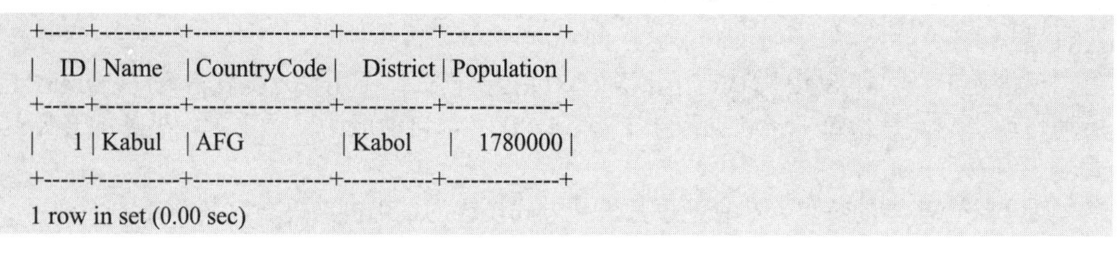

```
+-----+----------+----------------+----------+-------------+
|  ID | Name     | CountryCode    | District | Population  |
+-----+----------+----------------+----------+-------------+
|   1 | Kabul    | AFG            | Kabol    |   1780000   |
+-----+----------+----------------+----------+-------------+
1 row in set (0.00 sec)
```

通过回滚操作，数据又回来了。只要在正式提交之前，都可以进行数据回滚。提交事务使用的控制语句是 COMMIT，其 SQL 语句如下：

```
mysql> commit;
```

输出结果：

```
Query OK, 0 rows affected (0.00 sec)
```

确保数据的修改无误后，使用 COMMIT 语句提交数据，我们也把这种方式称为显示提交。

下面演示一个比较简单的例子，来说明事务保存点的设置以及回滚等操作。

①开始事务；

②然后在 city 表中插入一条记录；

③接着设置一个保存点；

④再插入一条记录；

⑤查看表内容变化情况；

⑥然后回滚到保存点；

⑦再次查看表内容；

⑧最后回滚到事务开始的地方；

⑨查看表内容，此时表内容和事务开始前是一样的，没有任何新的记录增加。

上面事务步骤翻译成 SQL 语句如下：

①开始事务：

```
mysql> begin;
```

输出结果：

```
Query OK, 0 rows affected (0.00 sec)
```

②然后在 city 表中插入一条记录：

```
mysql> insert into city values(null,'test1','AFG','test1',101);
```

输出结果：

```
Query OK, 1 row affected (0.03 sec)
```

③接着设置一个保存点：

```
mysql> savepoint s1;
```

输出结果：

```
Query OK, 0 rows affected (0.00 sec)
```

此处设置了保存点，取名为 s1。
④再插入一条记录：

```
mysql> insert into city values(null,'test2','AFG','test2',10001);
```

输出结果：

```
Query OK, 1 rows affected (0.00 sec)
```

⑤查看表内容变化情况：

```
mysql> select * from city where countrycode = 'AFG';
```

输出结果：

```
+-----+------------------+----------------+------------+------------+
| ID  | Name             | CountryCode | District   | Population |
+-----+------------------+----------------+------------+------------+
|    1 | Kabul            | AFG            | Kabol      |   1780000 |
|    2 | Qandahar         | AFG            | Qandahar |    237500 |
|    3 | Herat            | AFG            | Herat      |    186800 |
|    4 | Mazar-e-Sharif | AFG            | Balkh      |    127800 |
|4080 | test1            | AFG            | test1      |        101 |
|4081 | test2            | AFG            | test2      |      10001 |
+----+------------------+----------------+------------+-------------+
6 rows in set (0.00 sec)
```

此时可以看到，新插入的两条记录都显示出来了。
⑥然后回滚到保存点：

```
mysql> rollback to savepoint s1;
```

输出结果：

```
Query OK, 0 rows affected (0.00 sec)
```

回滚到保存点 s1 位置处。

⑦再次查看表内容：

```
mysql> select * from city where countrycode = 'AFG';
```

输出结果：

```
+-----+------------------+----------------+------------+------------+
| ID  | Name             | CountryCode | District   | Population |
+-----+------------------+----------------+------------+------------+
|    1 | Kabul            | AFG            | Kabol      |   1780000 |
|    2 | Qandahar         | AFG            | Qandahar |    237500 |
|    3 | Herat            | AFG            | Herat      |    186800 |
|    4 | Mazar-e-Sharif | AFG            | Balkh      |    127800 |
|4080 | test1            | AFG            | test1      |        101 |
+----+------------------+----------------+------------+-------------+
5 rows in set (0.00 sec)
```

可以看到，设置保存点 s1 之后的操作（插入的第二条记录）已经实现回滚，数据没有了。

⑧最后回滚到事务开始的地方：

```
mysql> rollback;
```

输出结果：

```
Query OK, 0 rows affected (0.00 sec)
```

此时回滚到了事务开始的地方，即 begin 位置处。

⑨查看表内容，此时表内容和事务开始前是一样的，没有任何新的记录增加：

```
mysql> select * from city where countrycode = 'AFG';
```

输出结果：

```
+-----+------------------+----------------+------------+------------+
| ID  | Name             | CountryCode | District   | Population |
+-----+------------------+----------------+------------+------------+
|    1 | Kabul            | AFG            | Kabol      |   1780000 |
|    2 | Qandahar         | AFG            | Qandahar |    237500 |
|    3 | Herat            | AFG            | Herat      |    186800 |
|    4 | Mazar-e-Sharif | AFG            | Balkh      |    127800 |
+----+------------------+----------------+------------+-------------+
4 rows in set (0.00 sec)
```

再次查看结果，可以发现 city 表的内容和事务开始之前一模一样，没有任何变化。

3. 并发事务的隔离挑战

事务并发是指多个事务同时对同一个数据进行操作。并发事务未进行隔离设置，会带来以下问题。

（1）脏读：一个事务读取到另一事务未提交的更新数据。当一个事务正在访问数据，并且对数据进行了修改，而这种修改还没有提交到数据库中时，另外一个事务也在访问这个数据，然后读到了修改后的数据，这个数据就是脏数据。依据脏数据所做的操作也是不正确的。

例如，T1开启了一个长事务，在较早的时间删除了一条记录，此时事务T2正好要统计表中记录总数，就会少统计一条，随后T1事务发现删错了，进行了回滚操作，再随后T2事务再次统计，发现前后数据不一致。这显然违背了隔离性原则。

简单来说，脏读是指读到了未持久化的数据。

（2）不可重复读：在同一事务中，多次读取同一数据返回的结果有所不同。换句话说，后续读取到的是另一事务已提交的更新数据。例如，T1开启了一个较长的事务，在较早的时间读取了一个数据，在中间时刻另一个事务T2更改了数据并提交，随后T1再次读取但获得了新版本的数据，即在同一个事务中多次读取同一数据却得到了不同结果，这种现象就是不可重复读。显然，这也不符合隔离性原则。

（3）幻读：在同一个事务中，以同样的条件进行范围查询，两次获得的记录数不一样。例如，事务T1先执行了一次查询，然后事务T2新插入一行记录，接着T1使用相同的查询再次对表进行检索时，会发现这条多出来的记录。这突然出现的记录就如同一个"幻像"，这种现象就称为幻读。

与"不可重复读"不同的是，幻读专指新插入的行。

那么如何来预防这些问题呢？接下来讨论关于事务的隔离级别。

4．事务的隔离级别

为了防止出现上述问题，要对事务进行隔离。如表6-5所示，事务隔离有四个级别。

表6-5 事务隔离级别与存在的问题关系表

名　称	含　义	脏读	不可重复读	幻读
未提交读	一个事务提交前，它的变更就已经能被其他事务看到	√	√	√
提交读	一个事务提交后，它的变更才能被其他事务看到	×	√	√
可重复读	未提交的事务的变更不能被其他事务看到，同时一次事务过程中多次读取同样记录的结果是一致的	×	×	√
可串行化	当两个事务间存在读写冲突时，数据库通过加锁强制事务串行执行	×	×	×

（1）未提交读（READ-UNCOMMITED）：该级别的隔离性最弱，但并发性最好；事务中的修改，即使没有提交，对其他事务也都是可见的。也就是说事务可以读取未提交的数据，即产生脏读现象。

（2）提交读（READ COMMITED）：一个事务提交后，它的变更才能被其他事务看到。这是大多数据库系统的默认级别，但MySQL不是。该级别的隔离可杜绝脏读，但仍会发生不可重复读。

（3）可重复读（REPEATABLE READ）：MySQL中事务的默认隔离级别。与"不可重复读"相反，"可重复读"是指在同一事务中多次读取同一数据时得到的都是事务开始那个时间点的数据版本，也可以理解为事务开始时对数据库拍了一个快照，后续操作都是在快照的基础上进行的，自然不会读到别的事务的提交结果。

该级别直接针对不可重复读，但不能解决幻读问题。

（4）可串行化（SERIALIZABLE）：当两个事务间存在读写冲突时，数据库通过加锁强制事务串行执行，解决了前面说的所有问题（脏读、不可重复读、幻读）。这是最高的隔离级别。

6.3 数据定义语言 DDL

前面我们学习的 DML 语言，主要实现对数据的增、删、改等基本操作。而数据定义语言（Data Definition Language，DDL）则是实现对数据结构、操作等的定义。

例如，对数据库、数据表、索引等的设计、创建、修改、删除等操作，都属于 DDL 范围。接下来，就让我们一起进入 DDL 的学习之旅。

1. 表的设计

表是数据库中最重要的对象，是数据库的基本存储单元，由行（记录）和列（字段）组成。

表名和 Java 语言中的变量名一样，有自己的命名规则。

（1）表名由英文字母、数字和下画线“_”组成，命名应简洁明确，多个单词用下画线“_”连接；

（2）英文全部使用小写，禁止出现大写；

（3）禁止使用数据库关键字，如 name、time、datetime、password 等；

（4）表名不应该取得太长（一般不超过 3 个英文单词）；

（5）表名一般使用名词或者动宾短语；

（6）使用英语名词时，用单数形式表示名称，而不用复数，例如，使用 employee 表示员工表，而不用 employees。

设计表时应遵循一个基本原则：只将实体的直接属性纳入。举例说明：已考虑公民表有姓名、年龄、联系方式、国籍这 4 个字段，国籍对应国家，那么国家信息（如名称、代码、语言等）是否该放入这个表呢？

第一种考虑是，直接在该表中增加国家信息的多个字段，该表中既有个人信息，也有国家信息。但这会产生一个问题，以中国为例，该表至少有 13 亿条记录，个人直接属性是不同的，但国家信息部分会重复 13 亿次，造成了存储空间的极大浪费。

第二种方法就是拆分，把个人信息和国家信息拆分成两个表，如此国家信息表中只需要一条记录就可以表示中国的信息。在此基础上，利用我们之前学习的连接查询可同时得到个人信息和国家信息。

2. 范式

单表的字段设计、多表的关系设计，这些都需要数据库设计范式的指导。

关系型数据库目前有 6 种范式，数据库设计好坏的判断标准就是看数据表满足了第几范式。通过企业项目对数据库的使用来看，一般情况下数据表只要满足前三个范式即可，所以笔者也重点介绍前三个范式。

（1）第一范式（1NF）：在关系模型中，数据库表的每一列都是不可分割的原子数据项，即实体中的某个属性有多个值时，必须拆分为多个属性。

在表 6-6 中，“专业/学院”这个字段包含了专业和学院两个值，根据 1NF 的要求，必须把“专业/学院”拆分为“专业”和“学院”两个字段，拆分后的表如表 6-7 所示。

表 6-6　学生信息表（1）

学　　号	姓　　名	专业/学院	课　程　名	分　　数
001	小张	大数据专业/计算机学院	HTML	98

续表

学　号	姓　名	专业/学院	课 程 名	分　数
001	小张	大数据专业/计算机学院	Java	95
002	小李	大数据专业/计算机学院	Python	100
002	小李	大数据专业/计算机学院	MySQL	90
003	小王	金融管理专业/财经学院	Linux	85

表 6-7　学生信息表（2）

学　号	姓　名	专　业	学　院	课 程 名	分　数
001	小张	大数据专业	计算机学院	HTML	98
001	小张	大数据专业	计算机学院	Java	95
002	小李	大数据专业	计算机学院	Python	100
002	小李	大数据专业	计算机学院	MySQL	90
003	小王	金融管理专业	财经学院	Linux	85

此时，表 6-7 符合了第一范式。

（2）第二范式（2NF）：在 1NF 的基础上，2NF 要求表必须有主码，非主属性码必须完全依赖于主码。要完全理解 2NF 的含义，需要先弄清楚几个概念。

①函数依赖。设有属性 A、B，如果通过 A 属性（或属性组）的值可以确定唯一 B 属性的值，则可以称 B 依赖于 A 或者 A 决定 B，用“->”来表示决定（依赖）关系，记作 A->B。例如，可以通过身份证号来确定学生姓名。

函数依赖又分为 3 种，分别是完全函数依赖、部分函数依赖、传递函数依赖。

a．完全函数依赖：如果 A 是一个属性组（由多个属性组成），则 B 属性值的确定需要依赖 A 属性组中的所有属性值。例如，把学号和课程名作为属性组，分数的确定就必须同时知道学号和课程名才行。少了学号，不知道是谁的成绩；少了课程名，只知道是谁的成绩而不知道是哪门课的成绩。所以，该属性组的两个值必不可少，这就是完全函数依赖。

b．部分函数依赖：如果 A 是一个属性组，则 B 属性值的确定只需要依赖 A 属性组中的部分属性值。例如，把学号和课程名作为属性组，姓名的确定只需要 A 中的学号即可，和课程名无关，这就是部分函数依赖。

c．传递函数依赖：依赖的传递关系，通过 A 可以确定 B，记作 A->B；通过 B 可以确定 C，记作 B->C；可得出 A->C，这就是传递依赖关系。

②候选码。如果表中，一个属性或属性组被其他所有属性完全函数依赖，则称这个属性或属性组为该表的候选码，简称码。成绩表中有学号、课程名、分数这 3 个属性，分数的确定完全依赖学号和课程名，所以学号和课程名组成的属性组就是该表的候选码。

③主属性码。主属性码也叫主码，在多个候选码中挑选一个作为主码，也就是我们常说的主键。

④非主属性码。除了主属性码，其余的叫作非主属性码。

理解了这些概念以后，再来判断表 6-7 是否符合 2NF 的标准，步骤如下。

第一步：找出数据表中所有的候选码；

第二步：根据候选码，找出主属性码；

第三步：得到非主属性码；

第四步：查看非主属性码对主属性码是否完全函数依赖（不存在部分函数依赖）。

具体实现过程如下。

第一步：

①查看每一个单一属性，当它的值确定了，剩下的所有属性值是否都能确定。表 6-7 中，单一属性都没法确定其他属性的值。例如，以学号为主键，对应的课程名却出现了多个，所以学号不是候选码。

②查看所有两两属性的属性组，当属性组确定后，剩下的所有属性值是否都能确定。

依次类推，最后得到该表的候选码只有一个，即（学号，课程名）。

第二步：因为候选码只有一个，所有主码也就确定了。

第三步：非主属性码就是（姓名，专业，学院，分数）。

第四步：判定非主属性码是否部分函数依赖主码。

对于主码（学号，课程名）->姓名，只需要学号即可确定姓名，所以存在非主属性码姓名对主码（学号，课程名）的部分函数依赖。此时，我们可以判定表 6-7 不满足 2NF。

为了让表 6-7 满足 2NF，我们需要消除表中部分函数依赖，办法只有一个，那就是拆分表。将表 6-7 拆分为两个表：一个叫作选课表，包含的属性有学号、课程名、分数；另一个叫作学生信息表，包含的属性有学号、姓名、专业、学院，如表 6-8 和表 6-9 所示。

表 6-8　选课表

学　号	课　程　名	分　数
001	HTML	98
001	Java	95
002	Python	100
002	MySQL	90
003	Linux	85

表 6-9　学生信息表（3）

学　号	姓　名	专　业	学　院
001	小张	大数据专业	计算机学院
002	小李	大数据专业	计算机学院
003	小王	金融管理专业	财经学院

对于表 6-8，学号和课程名是主码，唯一的非主属性码分数对主码完全函数依赖，所以该表符合 2NF；对于表 6-9，学号是主码，该码只有一个属性，所以不存在非主属性码对主码的部分函数依赖，符合 2NF。

达到 2NF 还会出现什么问题呢？请看第三范式。

（3）第三范式（3NF）：在 2NF 的基础上，3NF 要求不存在传递函数依赖。也就是，如果存在非主属性码对于主码存在传递函数依赖，则不符合 3NF。

如表 6-9 所示，主码为学号，非主属性码为姓名、专业、学院。因为学号->专业，专业->学院，所以表 6-9 存在传递函数依赖，不符合 3NF。为此我们需要把表 6-9 拆分成两个表，

如表 6-10 和表 6-11 所示。

表 6-10　学生信息表（4）

学　　号	姓　　名	专　　业
001	小张	大数据专业
002	小李	大数据专业
003	小王	金融管理专业

表 6-11　专业信息表

专　　业	学　　院
大数据专业	计算机学院
金融管理专业	财经学院

拆分以后，当再想删除某个专业的所有学生信息的时候，专业信息不会一起被删除。满足 3NF 后，我们所设计的表就具有较好的规范了，同时降低了数据冗余。

3. 创建表

创建表使用的 SQL 语句是 CREATE TABLE，其基本语法形式如下：

```
CREATE TABLE table
(colname1 type1, colname2 type2…colnamen typen)
```

其中，table 表示表名；colname1、colname2…表示表的字段名，type1、type2…表示字段的数据类型。

创建表 6-10，其 SQL 语句如下：

```
mysql> create table student
    -> (student_id int,
    -> student_name varchar(20),
    -> student_specialty varchar(20)
    -> );
```

输出结果：

```
Query OK, 0 rows affected (1.85 sec)
```

提醒：SQL 语句以“;”表示结束，上述例子虽然写了 4 行，但是仅表示一条语句，且每个字段与字段类型之间用空格隔开，字段与字段之间用“,”分割，最后一个字段的类型后面可以不加“,”。

使用 show tables 命令列出所有表：

```
mysql> show tables;
```

输出结果：

```
+------------------+
| Tables_in_world |
+------------------+
| city             |
```

```
| country          |
| countrylanguage |
| student          |
+-------------------+
4 rows in set (0.00 sec)
```

也可以使用 DESC 命令查看某个表的结构：

```
mysql> desc student;
```

输出结果：

```
+-------------------+-------------+-------+------+---------+-------+
| Field             | Type        | Null  | Key | Default | Extra |
+-------------------+-------------+-------+------+---------+-------+
| student_id        | int(11)     | YES   |      | NULL    |       |
| student_name      | varchar(20) | YES   |      | NULL    |       |
| student_specialty | varchar(20) | YES   |      | NULL    |       |
+-------------------+-------------+-------+------+---------+-------+
3 rows in set (0.10 sec)
```

我们主要关心 Field 和 Type 两列即可，后面的 4 列我们会在下一节 MySQL 约束控制中介绍。

细心的读者可能已经发现，我们将 student 表中的 student_id 定义为 int 时，没有指定长度，而查看表结构的时候，int 的长度显示为 11，这是因为 int 默认长度为 11。

4．修改表

如果我们需要对表结构进行更改，例如，添加或者删除一个字段，或者重命名某个字段等，在改动不大的前提下，可以在原表的基础上进行修改。

修改表使用的 SQL 语句是 ALTER TABLE，有 3 种形式，分别是修改字段、添加字段、删除字段。

其中，修改字段分两种。

①只修改字段名而不改字段类型，其 SQL 语法如下：

```
ALTER TABLE table CHANGE oldcolname newcolname type;
```

②不改字段名而只修改字段类型，其 SQL 语法如下：

```
ALTER TABLE table MODIFY colname newtype;
```

添加字段语法如下：

```
ALTER TABLE table ADD colname type;
```

删除字段语法如下：

```
ALTER TABLE table DROP colname;
```

以 student 表为例。

（1）增加一个名为 age 的年龄字段，类型为 int，实现的 SQL 语句如下：

```
mysql> alter table student add age int;
```

输出结果：

```
Query OK, 0 rows affected (0.39 sec)
Records: 0   Duplicates: 0   Warnings: 0
```

使用 DESC 命令查看表结构的变化：

```
mysql> desc student;
```

输出结果：

```
+--------------------+-------------+-------+------+---------+-------+
| Field              | Type        | Null  | Key  | Default | Extra |
+--------------------+-------------+-------+------+---------+-------+
| student_id         | int(11)     | YES   |      | NULL    |       |
| student_name       | varchar(20) | YES   |      | NULL    |       |
| student_specialty  | varchar(20) | YES   |      | NULL    |       |
| age                | int(11)     | YES   |      | NULL    |       |
+--------------------+-------------+-------+------+---------+-------+
4 rows in set (0.10 sec)
```

（2）修改表字段。原属性都是以 student 为前缀的，为保持命名风格的统一，现修改 age 字段为 student_ age，实现的 SQL 语句如下：

```
mysql> alter table student change age student_age int;
```

输出结果：

```
Query OK, 0 rows affected (0.08 sec)
Records: 0   Duplicates: 0   Warnings: 0
```

使用 DESC 命令查看表结构的变化：

```
mysql> desc student;
```

输出结果：

```
+--------------------+-------------+-------+------+---------+-------+
| Field              | Type        | Null  | Key  | Default | Extra |
+--------------------+-------------+-------+------+---------+-------+
| student_id         | int(11)     | YES   |      | NULL    |       |
| student_name       | varchar(20) | YES   |      | NULL    |       |
| student_specialty  | varchar(20) | YES   |      | NULL    |       |
| student_age        | int(11)     | YES   |      | NULL    |       |
+--------------------+-------------+-------+------+---------+-------+
4 rows in set (0.10 sec)
```

CHANGE 只修改字段名。MODIFY 修改的是字段的类型，其 SQL 语句如下：

```
mysql> alter table student modify student_age float;
```

输出结果：

```
Query OK, 0 rows affected (0.94 sec)
```

```
Records: 0    Duplicates: 0    Warnings: 0
```

使用 DESC 命令查看表结构的变化：

```
mysql> desc student;
```

输出结果：

```
+--------------------+--------------+-------+------+---------+-------+
| Field              | Type         | Null  | Key  | Default | Extra |
+--------------------+--------------+-------+------+---------+-------+
| student_id         | int(11)      | YES   |      | NULL    |       |
| student_name       | varchar(20)  | YES   |      | NULL    |       |
| student_specialty  | varchar(20)  | YES   |      | NULL    |       |
| student_age        | float        | YES   |      | NULL    |       |
+--------------------+--------------+-------+------+---------+-------+
4 rows in set (0.10 sec)
```

（3）删除字段则比较简单，在 DROP 后面跟上字段名即可，不用指出字段类型。现把添加的 student_age 字段删除，其 SQL 语句如下：

```
mysql> alter table student drop student_age;
```

输出结果：

```
Query OK, 0 rows affected (0.86 sec)
Records: 0    Duplicates: 0    Warnings: 0
```

使用 DESC 命令查看表结构的变化：

```
mysql> desc student;
```

输出结果：

```
+--------------------+--------------+-------+------+---------+-------+
| Field              | Type         | Null  | Key  | Default | Extra |
+--------------------+--------------+-------+------+---------+-------+
| student_id         | int(11)      | YES   |      | NULL    |       |
| student_name       | varchar(20)  | YES   |      | NULL    |       |
| student_specialty  | varchar(20)  | YES   |      | NULL    |       |
+--------------------+--------------+-------+------+---------+-------+
3 rows in set (0.00 sec)
```

5．删除表

在 MySQL 中，表的删除操作有三种，这里我们先介绍两种，分别是利用 DROP TABLE 语句实现表的删除，以及前面提过的 DELETE FROM table。

两者的区别如下。

（1）DROP TABLE 不仅删除表的内容，而且会删除表的结构并释放空间。通俗地讲，就是整个表没了，想操作这张表已不可能，只有重新去创建一个。

（2）DELETE FROM table 删除的是表中的数据，就是清空表。系统需要一行一行地去删除，效率低下。

现有一张 student 表，对表中数据执行如下语句：

```
mysql> select * from student;
```

输出结果：

```
+-----------+---------------+-------------------+
| student_id | student_name | student_specialty |
+-----------+---------------+-------------------+
|          1 | 小章         | 大数据专业        |
|          2 | 小李         | 大数据专业        |
|          3 | 小蓝         | 计算机专业        |
+-----------+---------------+-------------------+
3 rows in set (0.00 sec)
```

使用 DELETE FROM student 对表进行删除操作，结果如下：

```
mysql> delete from student;
```

输出结果：

```
Query OK, 3 rows affected (0.09 sec)
```

使用 show tables 命令，结果如下：

```
mysql> show tables;
```

输出结果：

```
+------------------+
| Tables_in_world |
+------------------+
| city             |
| country          |
| countrylanguage |
| student          |
+------------------+
4 rows in set (0.00 sec)
```

结果显示 student 表还在，然后查看表中数据：

```
mysql> select * from student;
```

输出结果：

```
Empty set (0.00 sec)
```

说明 DELETE FROM 语句确实只删除了数据。
接下来使用 DROP TABLE 对表进行删除操作，其 SQL 语句如下：

```
mysql> drop table student;
```

输出结果：

```
Query OK, 0 rows affected (0.26 sec)
```

此时再使用 show tables 命令，结果如下：

```
mysql> show tables;
```

输出结果：

```
+--------------------+
| Tables_in_world |
+--------------------+
| city             |
| country          |
| countrylanguage |
+--------------------+
3 rows in set (0.00 sec)
```

结果显示表已经删除，数据也丢失。

6．截断表

截断表的作用和 DELETE FROM 语句类似，删除表中所有的数据。截断表使用的语句是 TRUNCATE TABLE。它和 DELETE FROM 的区别在于，TRUNCATE TABLE 语句是数据定义语句，提交后不会产生回滚信息，所以它的速度更快。

其语法如下：

```
TRUNCATE TABLE table
```

现有同样一张 student 表，对表中数据执行如下语句：

```
mysql> select * from student;
```

输出结果：

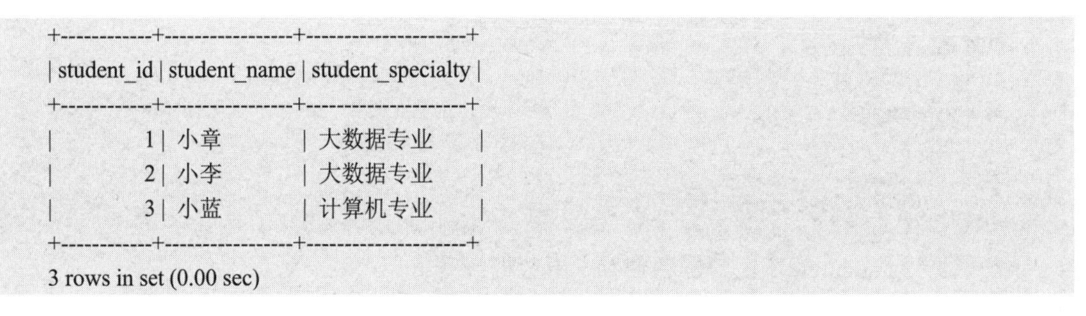

```
+------------+-----------------+---------------------+
| student_id | student_name | student_specialty |
+------------+-----------------+---------------------+
|          1 | 小章          | 大数据专业      |
|          2 | 小李          | 大数据专业      |
|          3 | 小蓝          | 计算机专业      |
+------------+-----------------+---------------------+
3 rows in set (0.00 sec)
```

使用 TRUNCATE TABLE 后结果如下：

```
mysql> truncate table student;
```

输出结果：

```
Query OK, 0 rows affected (0.49 sec)
```

查看表中数据，结果如下：

```
mysql> select * from student;
```

输出结果：

```
Empty set (0.00 sec)
```

可以看出，此时表仍然存在，和DELETE FROM实现的效果差不多，真正的差别只有当我们要清空的表数据量庞大的时候才能体现出来。读者可以去试试！

6.4 MySQL约束控制

数据的完整性约束（简称“约束”）是在表和字段上强制执行的数据检测规则，是为了防止不规范的数据进入数据库。当我们对数据进行DML操作时，DBMS会自动按照我们设置的约束条件对数据进行检测，以保证数据存储的完整性和准确性。

完整性约束分为4类：实体完整性约束、域完整性约束、参照完整性约束、用户自定义完整性约束。

（1）实体完整性约束：标识表中的每一条记录都代表一个实体，如主键约束；

（2）域完整性约束：针对单元格的约束，如非空约束等；

（3）参照完整性约束：多表之间的对应关系，在一张表中执行数据插入、更新、删除等操作时，DBMS都会跟另一张表进行对照，避免不规范的操作，以确保数据存储的完整性，如外键约束；

（4）用户自定义完整性约束：用户根据实际的要求来定义，在执行数据插入、更新等操作时，DBMS会检查数据是否满足检查约束中的限定条件，避免不符合条件的操作，以保证数据存储的准确性，如检查约束（MySQL不支持，Oracle支持）。

在MySQL中支持的约束有6种，分别是非空约束、主键约束、默认值约束、唯一约束、外键约束和自定义检查约束。

根据约束添加的位置，我们可以把约束分为两类：

（1）列级约束：直接在定义的字段名和类型后面追加约束。但该方式只支持默认值约束、非空约束、主键约束、唯一约束。

（2）表级约束：在各个字段定义完后进行添加。表级约束不支持非空约束和默认值约束。

1．非空约束

创建非空约束使用的语句是 NOT NULL，其作用是保证该字段不能为空。前面在查看student表结构的时候，表头中有一列名为Null，该列注明了字段是否添加了非空约束。

我们先创建讲3NF时举例的专业信息表，再用列级约束的形式设置专业字段为非空，其SQL语句如下：

```
mysql> create table specialty(
    -> specialty_name varchar(20) not null,
    -> specialty_college varchar(20)
    -> );
```

输出结果：

```
Query OK, 0 rows affected (0.71 sec)
```

使用DESC命令查看表结构：

```
mysql> desc specialty;
```

输出结果：

```
+--------------------+-------------+--------+-----+---------+--------+
| Field              | Type        | Null   | Key | Default | Extra |
+--------------------+-------------+--------+-----+---------+--------+
| specialty_name     | varchar(20) | NO     |     | NULL |          |
| specialty_college | varchar(20) | YES    |     | NULL |          |
+--------------------+-------------+--------+-----+---------+--------+
2 rows in set (0.00 sec)
```

在我们插入数据的时候，如果该字段值为空就会出错，如下所示：

```
mysql> insert into specialty values(null,'计算机学院');
```

输出结果：

```
ERROR 1048 (23000): Column 'specialty_name' cannot be null
```

这里需要注意一点的是空值（NULL）与空字符串（''）的区别。

（1）查询判定的方式不同：判定某值是否为 null，可以使用 is null 或者 is not null；而判定某值是否空字符串，使用=、<>来运算。

（2）是否参与运算：空值（NULL）是不参与运算的，而空字符串可以。

（3）是否占用空间：空值（NULL）是占用空间的，而空字符串（''）是不占用空间的。

所以，在设计表时，字段要尽可能地设置为 not null 约束。

2. 主键约束

创建主键约束使用 PRIMARY KEY 语句，其作用是保证该字段的值具有唯一性。每张表只能创建一个主键，是该表的唯一标识，且默认自带非空属性。

利用修改表的方式创建主键约束。修改 student 表，使 student_id 成为主键，具体实现 SQL 语句如下：

```
mysql> alter table student modify student_id int primary key;
```

输出结果：

```
Query OK, 0 rows affected (1.07 sec)
Records: 0   Duplicates: 0   Warnings: 0
```

使用 DESC 命令查看表结构，Key 这一列出现 PRI 即设置成功。

主键设置成功后，插入数据就要考虑它的唯一性和非空性。对当前表中的记录执行以下语句：

```
mysql> select * from student;
```

输出结果：

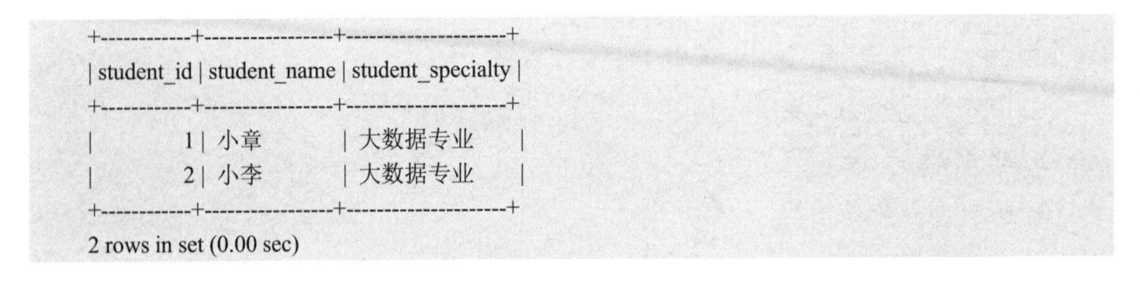

```
+------------+--------------+-------------------+
| student_id | student_name | student_specialty |
+------------+--------------+-------------------+
|          1 | 小章         | 大数据专业        |
|          2 | 小李         | 大数据专业        |
+------------+--------------+-------------------+
2 rows in set (0.00 sec)
```

当插入新记录的 student_id 为 1 时，会给出错误提示，如下所示：

```
mysql> insert into student values(1,'小刘','大数据专业');
ERROR 1062 (23000): Duplicate entry '1' for key 'PRIMARY'
```

主键不能重复，需要我们在插入数据的时候知道待插入记录的主键是否已经存在。数据少且有序比较好确认；可如果数据多且乱序，确认主键重复的问题就会变得很麻烦。

有没有办法在我们插入记录的时候，让主键自动保持唯一性呢？

答案就是使用自增序列（auto_increment），一张表有且只能有一个自增序列。自增序列一般和主键搭配使用，使用自增序列字段的类型为整型。

修改 student 表的主键，使 student_id 具有自增属性。使用 DROP 语句删除已经存在的主键特性，其实现的 SQL 语句如下：

```
mysql> alter table student drop primary key;
```

输出结果：

```
Query OK, 2 rows affected (0.99 sec)
Records: 2    Duplicates: 0    Warnings: 0
```

再次设置 student_id 为主键，且具有自增属性，其 SQL 语句如下：

```
mysql> alter table student modify student_id int primary key auto_increment;
```

输出结果：

```
Query OK, 2 rows affected (0.90 sec)
```

使用自增长的好处是，无须担心主键会重复。需要注意的是，在插入数据的时候，自增长字段的值使用 null 来代替，如下所示：

```
mysql> insert into student values(null,'小赵','计算机专业');
```

输出结果：

```
Query OK, 1 row affected (0.08 sec)
```

查询结果：

```
mysql> select * from student;
```

输出结果：

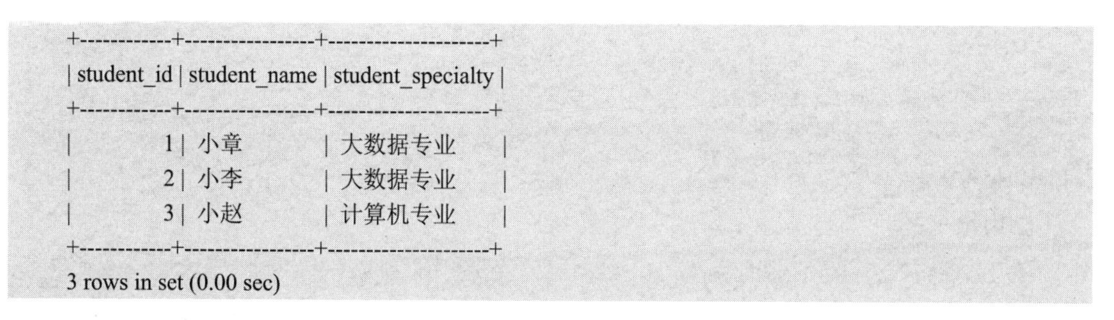

```
+------------+-----------------+--------------------+
| student_id | student_name | student_specialty |
+------------+-----------------+--------------------+
|          1 | 小章         | 大数据专业      |
|          2 | 小李         | 大数据专业      |
|          3 | 小赵         | 计算机专业      |
+------------+-----------------+--------------------+
3 rows in set (0.00 sec)
```

3. 默认值约束

创建默认值约束使用的语句是 DEFAULT，其作用是保证该字段总会有值。设置所有学

生的专业默认是大数据专业，其 SQL 语句如下：

```
mysql> alter table student modify student_specialty varchar(20) default '大数据专业';
```

输出结果：

```
Query OK, 0 rows affected (0.14 sec)
Records: 0    Duplicates: 0    Warnings: 0
```

下列语句不给 student_specialty 字段指定值：

```
mysql> insert into student(student_id,student_name) values(null,'小蓝');
```

输出结果：

```
Query OK, 1 row affected (0.07 sec)
```

因为默认值约束的存在，所以即便不给 student_specialty 字段指定值，系统也会自动插入默认值。查看插入后的结果：

```
mysql> select * from student;
```

输出结果：

```
+------------+--------------+-------------------+
| student_id | student_name | student_specialty |
+------------+--------------+-------------------+
|          1 | 小章         | 大数据专业        |
|          2 | 小李         | 大数据专业        |
|          3 | 小赵         | 计算机专业        |
|          4 | 小蓝         | 大数据专业        |
+------------+--------------+-------------------+
4 rows in set (0.00 sec)
```

4．唯一约束

创建唯一约束使用的语句是 UNIQUE，其作用是保证字段值的唯一性。唯一约束和主键约束的相同点都是保证值的唯一性。区别在于，唯一约束在一张表中允许出现多个，而主键约束只能有一个。

使用表级约束的方法，给表 6-11（专业信息表）中的专业名称字段创建唯一约束，创建的 SQL 语句如下：

```
mysql> create table specialty(
    -> specialty_name varchar(20),
    -> specialty_college varchar(20),
    -> unique(specialty_name)
    -> );
```

输出结果：

```
Query OK, 0 rows affected (0.35 sec)
```

使用 DESC 命令可以查看到 specialty_name 所在行 Key 这一列显示“UNI”，即表示唯一约束设置成功。

5. 外键约束

创建外键约束使用的语句是 FOREIGN KEY，其作用为限制两个表的关系，保证表中该字段的值来自关联表。外键约束必须使用表级约束的方式来定义。

将学生表中的 student_specialty 设置为外键，关联 specialty 表中的 specialty_name，其 SQL 语句如下：

```
mysql> alter table student add foreign key(student_specialty) references specialty(specialty_name);
```

输出结果：

```
Query OK, 3 rows affected (1.15 sec)
Records: 3    Duplicates: 0    Warnings: 0
```

关键字 REFERENCES 连接关联的表。需要注意的是，主表在插入记录的时候，外键的值必须能在关联表的关联列中找到，否则插入信息失败。

现 specialty 表中有数据如下：

```
mysql> select * from specialty;
```

输出结果：

```
+----------------+---------------------+
| specialty_name | specialty_college |
+----------------+---------------------+
| 大数据专业   | 计算机学院         |
| 计算机专业   | 计算机学院         |
+----------------+---------------------+
2 rows in set (0.00 sec)
```

在 student 表中插入记录的时候，字段 student_specialty 的值只能是这两个之一，否则会报错，如下所示：

```
mysql> insert into student values(null,'小兰','管理专业');
```

输出结果：

```
ERROR 1452 (23000): Cannot add or update a child row: a foreign key constraint fails (`world`.`student`, CONSTRAINT `student_ibfk_1` FOREIGN KEY (`student_specialty`) REFERENCES `specialty` (`specialty_name`))
```

6. 自定义检查约束

创建自定义检查约束使用的语句是 CHECK，其作用是检查数据表中字段值的有效性。根据实际情况设置检查约束，可以有效地减少无效数据的输入。其语法如下：

```
check 表达式
```

给表 student（此时表中无数据）添加年龄（age）字段，并设置年龄的有效范围是 10～30，其 SQL 语句如下：

```
mysql> alter table student add age int check(age>10 and age<30);
```

输出结果：

```
Query OK, 0 rows affected (1.54 sec)
Records: 0  Duplicates: 0  Warnings: 0
```

在 student 表中插入一条记录，SQL 语句如下：

```
mysql> insert into student values(null,'Lucy','大数据专业',10);
```

输出结果：

```
ERROR 3819 (HY000): Check constraint 'student_chk_1' is violated.
```

违反检查约束，插入失败。

注意：在 MySQL 8.0.15 及之前的版本，CHECK 约束能创建，但是执行时会被忽略（不起作用），从 8.0.16 版本开始支持 CHECK 约束。

6.5 本章小结

本章讲解了 DML（对表中数据的增、删、改操作）、TCL（对事务的控制）、DDL（表的设计与更改）与约束等。主要知识点包括：

（1）数据操作：插入数据使用 INSERT INTO 子句，删除数据使用 DELETE FROM 子句，修改数据使用 UPDATE…SET…子句；

（2）要牢记事务是数据库操作的最小工作单元，具有 ACID 四大特性，四大特性、并发事务挑战、事务隔离级别等概念在面试中比较常见；

（3）MySQL 中 DML 操作默认为事务自动提交；

（4）事务控制语句：开始事务（BEGIN）、设置保存点（SAVE POINT）、回滚事务（ROLLBACK）、提交事务（COMMIT）等；

（5）表的设计至少满足 3NF：1NF 指在关系模型中数据库表的每一列都是不可分割的原子数据项，2NF 指非码属性必须完全依赖于主码（不存在完全依赖），3NF 则要求不存在传递函数依赖；

（6）理解函数依赖、候选码、主属性码（主码）、非主属性码等概念；

（7）定义或更改表结构：创建表（CREATE TABLE）、修改表结构（ALTER TABLE）、删除表（注意 DELETE FROM 和 DROP TABLE 的区别）、截断表（TRUNCATE TABLE）；

（8）MySQL 中的 4 类 6 种完整性约束：非空约束、主键约束、默认值约束、唯一约束、外键约束和自定义检查约束，所有 DML 都不是随意的，都受既定约束的限制。

另外，读者可以扩展学习以下内容：

（1）INSERT INTO 结合子查询一次性插入多条记录的方法；

（2）学习 BCNF、4NF、5NF 等更严格要求的范式；

（3）互联网项目中引入了反范式设计理念（如不在数据库设外键约束，用业务代码加以控制），可以了解一下；

（4）利用子查询在创建表的同时为表导入数据。

6.6 本章练习

单选题

（1）以下哪一条语句不属于 DML？（　　）

A．INSERT 语句　　B．SELECT 语句

C．UPDATE 语句　　D．DELETE 语句

（2）有表 student(id,name,age)，以下哪一条 INSERT 语句能正确插入数据？（　　）

A．insert student values(1,'小章',17);

B．insert into student value(1,'小章',17);

C．insert into student values(1,'小章',17);

D．insert into student(id,name,age) value(1,'小章',17);

（3）以下哪一项不是事务的特征？（　　）

A．稳定性　　B．原子性　　C．一致性　　D．隔离性

（4）以下哪一条数据不能对 student 表或者 student 表中的数据进行删除？（　　）

A．select * from student;　　B．drop table student;

C．delete from student;　　D．truncate table student;

（5）以下哪一项不是因为事务的并发带来的问题？（　　）

A．脏读　　B．不可重复读　　C．幻读　　D．跳读

（6）同一个事务，多次读取同一个数据，返回的结果有所不同，这种现象叫作（　　）。

A．脏读　　B．幻读　　C．不可重复读　　D．反复读

（7）以下哪一项不属于事务的隔离级别？（　　）

A．未提交读　　B．提交读　　C．不可重复读　　D．可串行化

（8）下列哪一项属于 MySQL 事务的默认隔离级别？（　　）

A．幻读　　B．提交读　　C．脏读　　D．可重复读

（9）一般情况下，我们设计的数据表要达到哪一级范式？（　　）

A．第一范式　　B．第二范式　　C．第三范式　　D．都可以

（10）以下哪一条语句用于定义唯一约束？（　　）

A．UNIQUE　　B．NOT NULL　　C．PRIMARY KEY　　D．EFAULT

（11）下列约束中，哪一项属于参照完整性约束？（　　）

A．UNIQUE　　B．FOREIGN KEY　　C．PRIMARY KEY　　D．EFAULT

第 7 章

其他数据库对象

本章简介

截至目前，我们学习了对数据库表的基本查询和操作，这些基本操作可以通过子程序来组合成更强大的模块化程序。子程序包括存储过程、自定义函数、游标以及触发器，是本章的第一部分内容。在“表”这种数据库对象之外，还有其他重要对象，本章会对视图（VIEW）、序列（SEQUENCE）和索引（INDEX）这 3 个常用数据库对象的管理及使用进行介绍。

7.1 子 程 序

子程序包括存储过程、自定义函数、游标、触发器，可以被编译和存储在数据库中，具有模块化、重用性、可维护性、可扩展性、安全性等特点。其目的是完成特定的功能，能被程序和客户端工具直接调用。子程序也属于数据库对象，可以被授权能否执行。

1. 存储过程简介

存储过程是一种存储复杂程序，方便外部程序调用的数据库对象，是为了完成某个特定功能的 SQL 语句集合，用户可以通过存储过程的名字和参数进行调用。MySQL 从 5.0 版本开始支持存储过程（Stored Procedure）。

（1）创建存储过程。创建存储过程的关键语法如下：

```
create procedure 存储过程名([IN|OUT|INOUT]  参数名  数据类型)
begin
……
end
```

对存储过程进行参数定义时，多个参数用“,”分割，共有 3 种参数类型：IN，OUT，INOUT。

①IN 参数的值必须在调用存储过程时指定，在存储过程中修改该参数的值不会影响调用环境的数据值；

②OUT：该值可在存储过程内部被改变，同时引起调用环境中数据值的改变；

③INOUT：调用时指定，兼具 IN 和 OUT 类型参数的特点。

以 begin 和 end 对过程体的开始和结束进行标识。

需要强调的是，MySQL 中存储过程默认以“;”作为结束符，如果不改变结束符，编译器会把存储过程当成 SQL 语句进行处理，因此编译过程会报错。所以，要事先用“DELIMITER //”声明当前的分隔符，其目的是让编译器把两个“//”之间的内容当作一个存储过程，使用“DELIMITER ;”则恢复结束符为“;”。

下面的存储过程没有参数，作用是读取 city 表中的前 5 条记录，其 SQL 语句如下：

```
mysql> delimiter //                                    #声明结束符
mysql> create procedure demo1()
      -> begin
      -> select * from city limit 5;
      -> end
      -> //                                            #存储过程定义结束
```

输出结果：

```
Query OK, 0 rows affected (0.14 sec)
```

存储过程创建成功，调用存储过程使用 call 关键字，如下所示：

```
mysql> call demo1()//        #注意：此时“//”才是结束符
```

输出结果：

```
+-----+------------------+----------------+------------------+---------------+
| ID  | Name             | CountryCode | District          | Population   |
+-----+------------------+----------------+------------------+---------------+
|   1 | Herat            | AFG            | Herat            |       186800 |
|   2 | Mazar-e-Sharif | AFG            | Balkh            |       127800 |
|   3 | Amsterdam        | NLD            | Noord-Holland |       731200 |
|   4 | Rotterdam        | NLD            | Zuid-Holland     |       593321 |
|   5 | Haag             | NLD            | Zuid-Holland     |       440900 |
+-----+------------------+----------------+------------------+---------------+
5 rows in set (0.00 sec)
```

创建带有一个参数的存储过程，其作用是获取 city 表的前 n 条记录，n 是参数。其 SQL 语句如下：

```
mysql> delimiter //                                    #声明分隔符
mysql> create procedure demo2(in n int)
      -> begin
      -> select * from city limit n;
      -> end
      -> //                                            #存储过程定义结束
```

输出结果：

```
Query OK, 0 rows affected (0.16 sec)
```

调用 demo2()查看结果如下：

```
mysql> call demo2(6)//                                 #恢复前，结束符仍是//
```

输出结果：

```
+-----+------------------+----------------+------------------+---------------+
| ID  | Name             | CountryCode | District          | Population  |
+-----+------------------+----------------+------------------+---------------+
|   1 | Herat            | AFG            | Herat            |     186800 |
|   2 | Mazar-e-Sharif | AFG             | Balkh            |     127800 |
|   3 | Amsterdam        | NLD            | Noord-Holland |     731200 |
|   4 | Rotterdam        | NLD            | Zuid-Holland    |     593321 |
|   5 | Haag             | NLD            | Zuid-Holland    |     440900 |
|   6 | Utrecht          | NLD            | Utrecht          |     234323 |
+-----+------------------+----------------+------------------+---------------+
6 rows in set (0.05 sec)
```

注意：存储过程的默认参数类型是 IN。

（2）删除存储过程。删除存储过程使用 DROP PROCEDURE 语句，其语法如下：

```
drop procedure 存储过程名;
```

删除存储过程 demo2，其 SQL 语句如下：

```
mysql> drop procedure demo2;
```

输出结果：

```
Query OK, 0 rows affected (0.13 sec)
```

2．自定义函数简介

自定义函数是一种对 MySQL 的扩展，其用法和内置函数相同。在前面的章节，我们使用的函数是 MySQL 内置函数（已经写好的），直接调用即可完成某个特定功能。现在介绍的函数是 MySQL 自定义函数。

创建自定义函数使用 create function 语句，语法如下：

```
create function 函数名([变量名 1 变量类型 1，…，变量名 n 变量类型 n]) returns 数据类型
begin
    sql 语句;
    return 值;
end;
```

MySQL 安装完成后默认不允许创建自定义函数，需要在 my.cnf 配置文件中增加“log-bin-trust-function-creators=1”，使其具有创建函数的权限。

（1）最简单的函数仅有一条语句，如下所示：

```
create function myfunc1() returns int return 123;
```

调用 myfunc1()函数：

```
mysql> select myfunc1();
```

输出结果：

```
+--------------+
| myfunc1 () |
+--------------+
|           123 |
+--------------+
1 row in set (0.00 sec)
```

（2）自定义一个函数，实现两个数相加并返回结果，其 SQL 语句如下：

```
mysql> create function myfunc2(a int,b int) returns int
    -> return a+b;
```

输出结果：

```
Query OK, 0 rows affected (0.14 sec)
```

调用该函数：

```
mysql> select myfunc2(2,3);
```

输出结果：

```
+----------------+
| myfunc2(2,3) |
+----------------+
|                5 |
+----------------+
1 row in set (0.00 sec)
```

（3）自定义函数，实现日期固定格式输出，其 SQL 语句如下：

```
mysql> create function dateDemo(fdate datetime)
    -> returns varchar(255)
    -> begin
    -> declare x varchar(255) default '';
    -> set x = date_format(fdate,'%Y 年%m 月%d 日%h 时%i 分%s 秒');
    -> return x;
    -> end//
```

输出结果：

```
Query OK, 0 rows affected (0.20 sec)
```

创建此函数时，使用 declare x varchar(255) default ' '语句定义了一个 varchar 类型的变量 x，长度为 255 字节，默认值为空。set 语句表示给变量 x 赋值。

以当前时间为参数，调用 dateDemo()函数：

```
mysql> select dateDemo(now());
```

输出结果：

```
+---------------------------------------------+
| dateDemo(now())                             |
+---------------------------------------------+
```

```
| 2020 年 08 月 15 日 10 时 54 分 28 秒 |
+--------------------------------------------+
1 row in set (0.00 sec)
```

（4）删除自定义函数。删除自定义函数使用 DROP FUNCTION 语句，其语法如下：

```
drop function  函数名;
```

需要注意的是，删除自定义函数时，函数名后面不能加括号，如下所示：

```
mysql> drop function dateDemo;
```

输出结果：

```
Query OK, 0 rows affected (0.23 sec)
```

3. 游标简介

游标（CURSOR）是一个存储在 MySQL 服务器上的数据库查询机制，类似于数组的下标。使用游标后，可以逐步提取查询结果。

使用游标需要注意以下几点：

（1）声明游标之后，必须先打开游标才能使用；

（2）在游标结束之后，要关闭游标。

其使用的基本步骤如下：

①声明游标，其语法如下：

```
declare  游标名  cursor for select_statement
```

②打开游标，其语法如下：

```
open  游标名
```

③从游标中取值，使用 fetch 进行取值，语法如下：

```
fetch  游标名  into var1,var2,……
```

利用 fetch 将取到的一条记录中的字段赋值给多个变量。

④关闭游标，其语法如下：

```
close  游标名
```

接下来通过一个例子演示游标的使用。

①改变 MySQL 结束符：

```
delimiter $                                    #使用$作为结束符
```

②定义存储过程，并使用游标读取 SQL 语句中得到的城市名、城市代码及城市人口信息，具体实现如下：

```
create procedure pro_city()
begin
        #定义 3 个变量，分别保存城市名、城市代码、城市人口
        declare row_name varchar(20);
        declare row_code varchar(20);
```

```
        declare row_pop int;
        #定义游标
        declare getCity cursor for select name,countrycode,population from city limit 3;
        #打开游标
        open getCity;
        #从游标中取值
        fetch getCity into row_name,row_code,row_pop;
        #显示结果
        select row_name,row_code,row_pop;
```

③关闭游标：

```
close getCity;
```

④结束存储过程：

```
end$
mysql> delimiter ;                          #恢复 MySQL 的默认结束符
```

⑤调用存储过程查看结果：

```
mysql> call pro_city();
```

输出结果：

```
+----------+-----------+----------+
| row_name | row_code | row_pop |
+----------+-----------+----------+
| Herat      | AFG         |   186800 |
+----------+-----------+----------+
1 row in set (0.00 sec)
```

游标默认指向第一条记录。在步骤②中，虽然 SQL 语句取了 3 条记录，但是因为游标一次只读取一条记录，所以只有一行结果显示。此时利用循环进行多次读取即可。

想要把上例游标中的 3 条记录都显示出来，只需更改步骤②中的代码，如下所示：

```
create procedure pro_city()
begin
        #定义 3 个变量，分别保存城市名、城市代码、城市人口
        declare row_name varchar(20);
        declare row_code varchar(20);
        declare row_pop int;
        declare done boolean default 0;                 #设置循环标志，默认值为 0
        #定义游标
        declare getCity cursor for select name,countrycode,population from city limit 3;
        declare continue handler for not found set done=1;   #该语句表示游标遍历完后，设置循环标志为 1
        #打开游标
        open getCity;
        repeat                                          #循环开始
        #从游标中取值
        fetch getCity into row_name,row_code,row_pop;
```

```
    if done<>1 then                                    #循环条件
    #显示结果
    select row_name,row_code,row_pop;
    end if;                                            #if 语句结束
    until done end repeat;                             #结束循环
```

调用存储过程，得到结果如下：

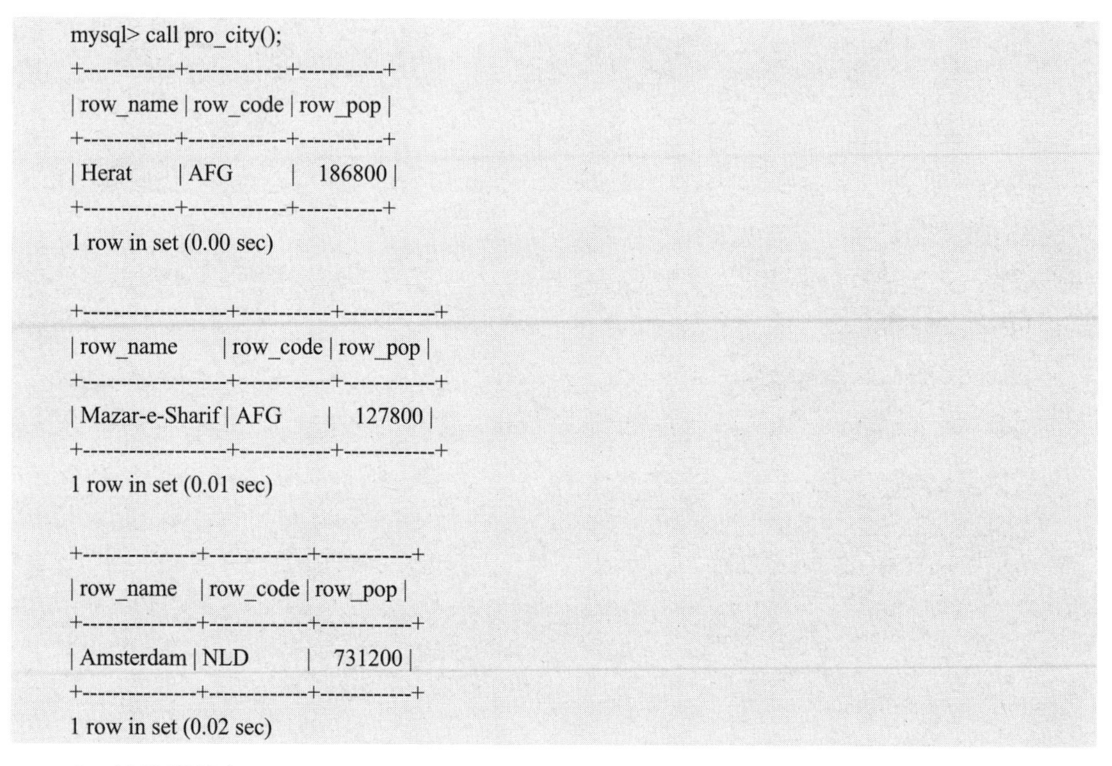

```
mysql> call pro_city();
+-----------+-----------+----------+
| row_name | row_code | row_pop |
+-----------+-----------+----------+
| Herat      | AFG        |   186800 |
+-----------+-----------+----------+
1 row in set (0.00 sec)

+-----------------+-----------+-----------+
| row_name       | row_code | row_pop |
+-----------------+-----------+-----------+
| Mazar-e-Sharif | AFG       |   127800 |
+-----------------+-----------+-----------+
1 row in set (0.01 sec)

+-------------+-----------+-----------+
| row_name    | row_code | row_pop |
+-------------+-----------+-----------+
| Amsterdam | NLD         |   731200 |
+-------------+-----------+-----------+
1 row in set (0.02 sec)
```

4．触发器简介

触发器（TRIGGER）是一种特殊的存储过程，它在插入、修改或删除表中的数据时触发执行，拥有更精细、更复杂的数据控制能力。MySQL 从 5.0 版本开始支持触发器。

例如，现有“用户表”和“日志表”，当一个用户被创建时，我们用日志来记录用户的创建过程。如果不使用触发器，则需要手动编写程序来实现；而一旦使用触发器，我们可以在信息插入用户表后，立刻触发对日志表的操作，使其记录创建用户的信息。

（1）创建触发器。创建触发器的语法如下：

```
create trigger trigger_name trigger_time trigger_event ON table_name FOR EACH
ROW trigger_statement
```

参数解释：

①trigger_name：触发器名称，自己定义；

②trigger_time：触发时机，只有两个值——before（某事件之前）和 after（某事件之后）；

③trigger_event：触发事件，取值 INSERT（插入）、UPDATE（更新）、DELETE（删除）；

④table_name：需要建立触发器的表名；

⑤trigger_statement：触发器程序体，一条 SQL 语句或存储过程等。

例如，创建一张日志表（logs），该表有2个字段，一个是数据库操作类型，另一个是操作时间（表的创建请回顾第6章内容）。

接下来实现触发器：往student表中插入一条记录，插入后在日志表中自动记录下该操作的类型和时间，具体实现如下：

```
mysql> delimiter $
mysql> create trigger tri_demo after insert on student for each row
    ->begin
    -> insert into logs values('insert',now());
    -> end
    -> $
mysql> delimiter ;
```

输出结果：

```
Query OK, 0 rows affected (0.12 sec)
```

在student表中插入一条记录

```
mysql> insert into student values(null,'小兰','计算机专业');
```

输出结果：

```
Query OK, 1 row affected (0.15 sec)
```

通过logs表中数据验证是否触发了触发器：

```
mysql> select * from logs;
```

输出结果：

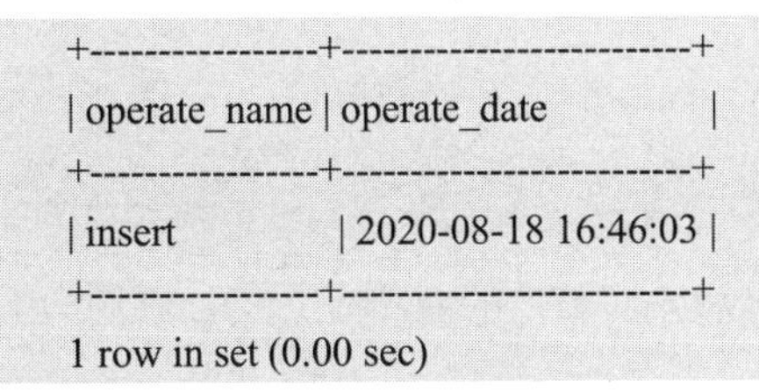

```
+----------------+------------------------+
| operate_name | operate_date           |
+----------------+------------------------+
| insert          | 2020-08-18 16:46:03 |
+----------------+------------------------+
1 row in set (0.00 sec)
```

（2）查看触发器。使用“show triggers;”命令查看所有触发器。因为触发器有自己的保存机制，显示出来的信息量比较大，此处就不展示结果，大家可以自己试试。

（3）删除触发器。删除触发器使用的语法如下：

```
DROP TRIGGER 触发器名;
```

例如，删除上面创建的tri_demo触发器，SQL语句如下：

```
mysql> drop trigger tri_demo;
```

输出结果：

```
Query OK, 0 rows affected (0.23 sec)
```

7.2 视　图

1. 视图简介

（1）什么是视图？视图是从一个或多个表中“糅合”出来的虚拟表。一个视图并不包含真实的数据，它提供了另一个视角去查看或改变表中的数据。

打个比方：把视图想象成一扇窗户，通过窗户往里看，我们只能看到一部分，而这部分就是数据库系统允许你看到的数据；而不允许你看到的内容会被遮挡住，让你看不见。

（2）为什么要用视图？使用视图可以提高我们对数据的操作效率，同时增加安全性。

①提高效率。将经常使用的复杂查询定义为视图，由于对视图的权限、语法解析都会被存储，就避免了重复解析。

②增加数据安全性。通过视图，用户只能查询和更改指定的数据。

③提高表的逻辑独立性。看到的视图可能来源于一张表或多张表的局部，屏蔽了原有表结构变化带来的影响。

总之，使用视图的主要作用就是保障数据的安全性，同时提高查询效率。

2. 创建与查询视图

视图是一张虚拟表，它存在的前提是有基础表的存在。所以，在对视图进行操作之前，要确保作为视图来源的基础表已经存在。

对视图的基本操作主要包括创建视图、查询视图、更改视图（视图的 DML 操作）以及使用 WITH CHECK OPTION 约束视图。

（1）创建视图。创建视图使用的语句是 CREATE VIEW，完整语法看上去比较复杂，大家可以到官网上去查看。根据笔者的经验，结合实际工作中的使用频率，将其语法进行了简化，推荐读者使用的语法格式如下：

```
create view viewname[column1, …, columnn]
as
select 语句;
```

以 city 表为基础表，创建一个只包含城市 id、城市名和人口数量的视图，其 SQL 语句如下：

```
mysql> create view city_view(id,name,population)
            as
            select id,name,population from city;
```

输出结果：

```
Query OK, 0 rows affected (0.09 sec)
```

使用 SHOW TABLES 查看视图：

```
mysql> show tables;
```

输出结果：

```
+-------------------+
| Tables_in_world |
+-------------------+
```

```
| city              |
| city_view         |
| country           |
| countrylanguage |
| specialty         |
| student           |
+--------------------+
6 rows in set (0.04 sec)
```

（2）查询视图。视图是一种虚拟的表，也符合 DQL 操作。视图的查询和表的查询相同，查看 city_view 视图中的所有数据，其 SQL 语句如下：

```
mysql> select * from city_view;
```

输出结果：

```
+------+-------------+----------------+
|id     | name        | population    |
+------+-------------+----------------+
|      1 | Kabul       |      1780000 |
|      2 | Qandahar  |       237500 |
|      3 | Herat       |       186800 |
……
| 4078 | Nablus      |       100231 |
| 4079 | Rafah       |        92020 |
+------+------------+----------------+
4079 rows in set (0.00 sec)
```

从结果数量看，视图中的数据和基本表 city 中的数据量相同。

3. 视图 DML 操作

视图虽然是虚拟的，但可以进行修改。但需要注意的是，对视图的 DML 操作最终都会作用到基础表上。

（1）删除视图数据。使用 DELETE FROM 子句，其语法如下：

```
delete from  视图名  [where 子句]
```

删除视图中 id=1 的记录，其 SQL 语句如下：

```
mysql> delete from city_view where id = 1;
```

输出结果：

```
Query OK, 1 row affected (0.18 sec)
```

查看视图：

```
mysql> select * from city_view where id = 1;
```

输出结果：

```
Empty set (0.00 sec)
```

查看基础表数据：

```
mysql> select * from city where id = 1;
```

输出结果：

```
Empty set (0.00 sec)
```

可以看到，无论是视图 city_view 还是基础表 city，id 为 1 的数据都已删除。这就是视图的特点，它本身是虚拟的，对视图的操作其实就是对基础表的操作。

（2）更新视图数据。把 id 为 2 的城市人口更新为 100000，其 SQL 语句如下：

```
mysql> update city_view set population = 100000 where id = 2;
Query OK, 1 row affected (0.09 sec)
Rows matched: 1    Changed: 1    Warnings: 0
```

查看视图：

```
mysql> select * from city_view where id = 2;
```

输出结果：

```
+------+--------------+----------------+
|id    | name         | population     |
+------+--------------+----------------+
|    2 | Qandahar     |         100000 |
+------+--------------+----------------+
1 row in set (0.00 sec)
```

查看基础表数据：

```
mysql> select * from city where id = 2;
```

输出结果：

```
+-----+-----------+---------------+-----------+------------+
|  ID | Name      | CountryCode |   District | Population |
+-----+-----------+---------------+-----------+------------+
|   2 | Qandahar | AFG           | Qandahar |     100000 |
+-----+-----------+---------------+-----------+------------+
1 row in set (0.00 sec)
```

（3）插入视图数据。给视图插入数据和表插入数据一样，使用 INSERT INTO 语句。在视图中插入一条 id 为 4080，名字为“test”，人口数量为 500 的记录，其 SQL 语句如下：

```
mysql> insert into city_view values(4080,'test',500);
```

输出结果：

```
ERROR 1452 (23000): Cannot add or update a child row: a foreign key constraint fails (`world`.`city`, CONSTRAINT `city_ibfk_1` FOREIGN KEY (`CountryCode`) REFERENCES `country` (`Code`))
```

结果出错了。这是为什么呢？

我们前面说过了，对视图的操作，其实就是对基表的操作。在进行插入数据操作时，实际上就是把数据插入 city 表中。city 表需要 5 个值（均设置了非空约束），而通过视图只给了 3 个值，所以引起报错。

4．视图 DML 限制

除上面的示例外，对视图执行 DML 操作有诸多限制：

（1）用户必须有插入数据的权限。

（2）由于视图有可能只引用了表中的部分字段，在通过视图进行数据插入时，只能给出视图中出现的字段值。而对于基础表中有却没出现在视图中的字段，必须满足以下条件之一：

①该字段允许空值；

②该字段有默认值；

③该字段是主键，且可自动填充数据；

④该字段的数据类型为 timestamp 或 uniqueidentifier（这两种数据类型都属于自动生成的二进制数据）。

（3）视图中不能包含多个字段值的计算组合，或者包含统计函数的结果。

（4）视图中不能包含 DISTINCT 或 GROUP BY 子句。

（5）如果视图的基础表是多张表，不能通过视图往基础表插入数据或修改数据。

5．视图检查约束

创建视图的时候，可以使用 WITH CHECK OPTION 子句进一步限制 DML。

通过以下例子来理解 WITH CHECK OPTION 子句的作用。

（1）首先通过 city 表为源表建立一个名为 v1 的视图，其 SQL 语句如下：

```
mysql> create view v1(id,code,population)
                as
                select id,countrycode,population from city where population > 9000000;
```

输出结果：

```
Query OK, 0 rows affected (0.28 sec)
```

该视图存放人口数超过 9000000 城市的 id、城市代码（code）、人口数量（population）。

查看 v1：

```
mysql> select * from v1;
```

输出结果：

```
+--------+--------+-------------+
| id     | code   | population |
+--------+--------+-------------+
|   206 | BRA    |    9968485 |
|   939 | IDN    |    9604900 |
|  1024 | IND    |  10500000 |
|  1890 | CHN    |    9696300 |
|  2331 | KOR    |    9981619 |
|  2822 | PAK    |    9269265 |
+--------+--------+-------------+
6 rows in set (0.00 sec)
```

（2）然后以 v1 为基础视图建立视图 v2，条件设置为人口数量小于 9600000，其 SQL 语句如下：

```
mysql> create view v2(id,code,population)
                    as
                    select * from v1 where population < 9600000;
```

输出结果：

```
Query OK, 0 rows affected (0.13 sec)
```

查看 v2：

```
mysql> select * from v2;
```

输出结果：

```
+-------+---------+--------------+
| id      | code    | population |
+--------+--------+--------------+
|   2822 | PAK    |    9269265 |
+--------+--------+--------------+
1 rows in set (0.00 sec)
```

此时，往 v2 中插入一条 population>9600000 的记录，其 SQL 语句如下：

```
mysql> insert into v2 values(null,'PAK',9710000);
```

输出结果：

```
Query OK, 1 row affected (0.11 sec)
```

查看 v2：

```
mysql> select * from v2;
```

输出结果：

```
+-------+---------+--------------+
| id      | code    | population |
+--------+--------+--------------+
|   2822 | PAK    |    9269265 |
+--------+--------+--------------+
1 rows in set (0.00 sec)
```

插入数据正常，但是因为插入的数据不符合 v2 视图原本的查询条件，此时结果中并没有显示出新的数据。

（3）用建立 v2 视图的方式建立 v3 视图，添加 WITH CHECK OPTION，其 SQL 语句如下：

```
mysql> create view v3(id,code,population)
                    as
                    select * from v1 where population < 9600000
                    with check option;
```

输出结果：

```
Query OK, 0 rows affected (0.18 sec)
```

查看 v3：

```
mysql> select * from v3;
```

输出结果：

```
+-------+---------+-------------+
| id      | code    | population |
+--------+--------+-------------+
|   2822 | PAK    |   9269265 |
+--------+--------+-------------+
1 rows in set (0.00 sec)
```

和 v2 中插入数据一样，我们往 v3 中插入一条相同的记录，SQL 语句如下：

```
mysql> insert into v2 values(null,'PAK',9710000);
```

输出结果：

```
ERROR 1369 (HY000): CHECK OPTION failed 'world.v3'
```

错误原因在于，声明 v3 时添加了 WITH CHECK OPTION 约束，对 v3 进行 DML 操作时需以 v3 的 WHERE 条件为 DML 限制条件。

对于视图 DML 检查约束，还可以用 LOCAL/ CASCADED 做更精细的控制。

WITH LOCAL CHECK OPTION：对如此声明的视图实施 DML 操作，只考虑当前视图的查询条件为 DML 操作限制。当然，若在视图创建链路上还有基础视图，且基础视图也做了检查约束，DML 也要受相应的限制。

WITH CASCADED CHECK OPTION（CASCADED 为默认，可以省略）：对如此声明的视图实施 DML 操作，不仅要满足当前视图的查询条件，也要满足当前视图创建链路上所有基础视图的查询条件，即便基础视图没有声明 WITH CHECK OPTION。

7.3 序　　列

前面在介绍主键的时候知道，主键必须是唯一的。为了方便管理主键同时满足主键唯一性要求，我们把主键设置为自增长。实现自增长需要用到序列。

1. 序列简介

序列就是一组有特定变化规律的整数，其最主要的用途就是创建主键，确保主键的唯一性。序列是一个数据库对象，独立于表进行存储，可以为多个表使用。

目前 MySQL 不支持（Oracle 支持）类似建表或视图的方式来直接创建序列对象。虽然有 auto_increment 来实现自增长（见第 6 章），但不能设置步长、起始值、是否循环等。最重要的是，在 MySQL 中一张表只能有一个字段设置为自增长，如果我们需要两个及以上的字段实现自增长该怎么办呢？ 需要做一些间接处理。

2. 序列的基本操作

（1）创建序列表，其 SQL 语句如下：

```
mysql> delimiter $                              #设置结束符
mysql> create table sequence(                   #序列表名
```

```
    -> seq_name varchar(20) not null,          #序列名
    -> current_value int not null,             #序列当前值
    -> increment_value int not null default 1,#序列步长，并设置默认值为 1
    -> primary key(seq_name));                 #设置序列表名为主键
    -> $                                       #结束 SQL 语句
```

输出结果：

```
Query OK, 0 rows affected (1.36 sec)
```

（2）在创建好的序列表中插入两条记录。

插入第 1 条记录：

```
mysql> insert into sequence values('seq_num1',0,1)$       #注意此时没有恢复结束符，所以结束符仍然
                                                          #是$，本节后面的演示代码结束符均为$，直
                                                          #到给出说明。序列名 seq_num1，当前值为 0，
                                                          #步长为 1。
```

输出结果：

```
Query OK, 1 row affected (0.08 sec)
```

插入第 2 条记录：

```
mysql> insert into sequence values('seq_num2',0,2)$       #序列名 seq_num2，当前值为 0，步长为 2。
```

输出结果：

```
Query OK, 1 row affected (0.18 sec)
```

（3）实现自增，需要用到序列的当前值、下一个值和步长等数据。接下来写一个函数来获取序列当前值，其 SQL 语句如下：

```
mysql> create function current_value(val_seq_name varchar(20)) returns int(11)
    -> begin
    -> declare val int;
    -> set val = 0;
    -> select current_value into val from sequence where seq_name = val_seq_name;
    -> return val;
    -> end;
    -> $
```

输出结果：

```
Query OK, 0 rows affected, 1 warning (0.14 sec)
```

该函数中最重要的一句“select current_value into val from sequence where seq_name = val_seq_name;”的意思是，通过传入的参数（序列名）查询出序列，并把序列名赋值给 val 变量。

（4）调用函数查看序列的当前值，其 SQL 语句如下：

```
mysql> select current_value('seq_num1')$
```

输出结果：

```
+-------------------------------+
| current_value('seq_num1') |
+-------------------------------+
|                              0 |
+-------------------------------+
1 row in set (0.00 sec)
```

目前序列表中两个序列的当前值均设置为 0。

（5）创建函数获取序列的下一个值。序列的下一个值是由当前值加步长得到的，其 SQL 语句如下：

```
mysql> create function next_value(v_seq_name varchar(20)) returns int
    -> begin
    -> update sequence set current_value = current_value + increment_value where seq_name = v_seq_name;
    -> return current_value(v_seq_name);
    -> end;
    -> $
```

输出结果：

```
Query OK, 0 rows affected (0.13 sec)
```

解析：通过当前值和步长得到了下一个值后，需要更新当前值，所以函数返回的时候调用了 current_value()函数。

（6）调用获取下一个值函数，查看结果：

```
mysql> select next_value('seq_num1')$
```

输出结果：

```
+---------------------------+
| next_value('seq_num1') |
+---------------------------+
|                          1 |
+---------------------------+
1 row in set (0.00 sec)
```

（7）创建一张新表来测试序列功能，其 SQL 语句如下：

```
mysql> create table test_seq(
    -> id int primary key,
    -> name varchar(20) not null
    -> )$
```

输出结果：

```
Query OK, 0 rows affected (0.63 sec)
```

（8）先在序列表中新增一个序列，当前值设置为 100，步长为 10，其 SQL 语句如下：

```
mysql> insert into sequence values('seq_num3',100,10)$
```

输出结果：

```
Query OK, 1 row affected (0.09 sec)
```

（9）序列要作用到 test_seq 表中，需要触发器来实现，即自动调用 next_value 函数为新行的 id 赋值，SQL 语句如下：

```
mysql> create trigger tri_seq before insert on test_seq for each row
    -> begin
    -> set new.id = next_value('seq_num3');
    -> end;
    -> $
```

输出结果：

```
Query OK, 0 rows affected (0.31 sec)
```

（10）接下来尝试往 test_seq 表中插入 3 条记录，其 SQL 语句如下：

```
mysql> insert into test_seq(name) values('test1')$
mysql> insert into test_seq(name) values('test2')$
mysql> insert into test_seq(name) values('test3')$
```

3 条不指定 id 值的语句执行完毕。

（11）查询 test_seq 表的所有数据，查看 id 是否按照设定的方式进行自增长：

```
mysql> select * from test_seq$
+------+---------+
| id   | name    |
+------+---------+
|  110 | test1   |
|  120 | test2   |
|  130 | test3   |
+------+---------+
3 rows in set (0.00 sec)
```

这里简单说明一下，因为触发器是在插入之前执行的，所以序列的值也是在插入之前改变的，此时插入表的第一个值就是 110。

最后不要忘记恢复 MySQL 默认的结束符。

7.4 索　　引

所有数据操作可简单分为读操作（获取数据）和写操作（插入数据、修改数据、删除数据）。一般情况下，读写比例在 10∶1 左右，大量的读操作给数据库性能带来不小的考验。因此，对查询语句的优化是重中之重，优化的关键就是利用好索引。

1. 索引简介

索引在 MySQL 中又叫作“键”，英文名为“key”，是存储引擎用于快速找到记录的一种数据结构。索引对于性能的提升非常关键，尤其是当表中的数据量越来越庞大的时候。我们前面介绍约束使用到的“primary key”，其实就是一种索引，叫作主键索引。

举个简单的例子，我们把数据库比作汉语字典，那么索引就是这本字典的音序表，通过

音序表可以快速查找到需要的汉字。索引的目的就是提高查询效率。

在 MySQL 中常用的索引可以分为 3 类，分别是普通索引、唯一索引、联合索引。

（1）普通索引，使用关键字 INDEX 定义，根据建立索引的时机不同，书写方式有细微差别。分为以下 3 种情况：

①创建表的时候创建索引；

②创建表后创建索引；

③修改表的时候添加索引。

（2）唯一索引，不仅加速查找，还具有约束性。

①主键索引 primary key；

②唯一键索引 unique。

（3）联合索引，即为索引同时设置多个字段。

①primary key(id,name)，联合主键索引；

②index(id,name)，联合普通索引。

2．索引基本操作

接下来以普通索引为例，演示其基本操作。读者可以根据普通索引的操作方法来体验唯一索引和联合索引的效果。

（1）在建表的时候创建索引。其语法如下：

```
index 索引名(字段名)
```

创建一张 teacher 表，该表有 id、name、age 这 3 个字段，给字段 id 创建索引。其 SQL 语句如下：

```
mysql> create table teacher(
    -> id int,
    -> name varchar(20),
    -> age int,
    -> index ix_id(id)                    #给 id 创建的索引名为 ix_id
    -> );
```

输出结果：

```
Query OK, 0 rows affected (1.45 sec)
```

（2）给已经存在的表中某字段添加索引，其语法如下：

```
create index 索引名 on 表名(字段名);
```

给 teacher 表的 name 字段添加索引，其 SQL 语句如下：

```
create index ix_name on teacher(name);
```

（3）修改表时创建索引，其语法如下：

```
alter table 表名 add index 索引名(字段名)
```

修改 teacher 表，给 age 字段添加索引，其 SQL 语句如下：

```
alter table teacher add index ix_age(age);
```

以上 3 例仅做语法示范，实际上不可能给每个字段都加索引。

（4）查看索引，借助表信息查看表中是否存在索引，其语法如下：

```
show create table 表名;
```

查看 teacher 表中的索引，其 SQL 语句如下：

```
mysql> show create table teacher;
```

输出结果：

```
+---------+------------------------------------------------------------------------------------------+
| Table   | Create Table                                                                             |
+---------+------------------------------------------------------------------------------------------+
| teacher | CREATE TABLE `teacher` (
  `id` int(11) DEFAULT NULL,
  `name` varchar(20) DEFAULT NULL,
  `age` int(11) DEFAULT NULL,
  KEY `ix_id` (`id`),
  KEY `ix_name` (`name`),
  KEY `ix_age` (`age`)
) ENGINE=InnoDB DEFAULT CHARSET=utf8mb4 COLLATE=utf8mb4_0900_ai_ci |
+---------+------------------------------------------------------------------------------------------+
```

（5）删除索引，使用的关键字是 DROP INDEX…ON…，其语法如下：

```
drop index 索引名 on 表名
```

删除 teacher 表中 age 字段的索引，其 SQL 语句如下：

```
drop index ix_age on teacher
```

3．索引性能体验

接下来通过实例体验索引带来的性能提升。

（1）创建一张员工表（employee），包含编号（id）、姓名（name）、年龄（age）这 3 个字段，其 SQL 语句如下：

```
mysql> create table employee(
    -> id int,
    -> name varchar(20),
    -> age int
    -> );
```

输出结果：

```
Query OK, 0 rows affected (0.69 sec)
```

（2）创建存储过程，实现往 employee 表中批量添加数据（此处准备了 260000 条记录，该过程比较耗时，读者可以酌情考虑数量），其 SQL 语句如下：

```
mysql> delimiter $
mysql> create procedure auto_employee()
    -> begin
```

```
-> declare i int default 1;
-> while(i<260000)do
-> insert into employee values(i,'emp_demo',20);
-> set i = i + 1;
-> end while;
-> end
-> $
```

输出结果：

```
Query OK, 0 rows affected (0.34 sec)
```

（3）恢复结束符并调用存储过程，其 SQL 语句如下：

```
mysql> delimiter ;
mysql> call auto_employee();
```

输出结果：

```
Query OK, 1 row affected (0.16 sec)
```

（4）在没有建立索引的情况下，搜索一条不存在的记录，其 SQL 语句如下：

```
mysql> select * from employee where id = 3000000;
Empty set (0.16 sec)
```

耗时是 0.16 秒。

（5）在已有大量数据的基础上创建索引会比较慢。接下来我们给 id 创建索引，看看耗时情况，其 SQL 语句如下：

```
mysql> create index ix_id on employee(id);
Query OK, 0 rows affected (3.88 sec)
Records: 0    Duplicates: 0    Warnings: 0
```

耗时明显增加。

（6）接下来，在建立好索引后，执行第（4）步中的 SQL 语句，查看结果如下：

```
mysql> select * from employee where id = 3000000;
Empty set (0.00 sec)
```

同样的条件进行查询，速度明显提升。其原理是，没有索引时会发生全表扫描；有索引时，会在表外单独为索引数据建立 B^+树之类的数据结构；根据 id 查询时，会先在树上进行高效查询，获取对应数据行的地址进而提取数据行中的列。读者只需了解下 B^+树这样的数据结构就能明白使用索引提高查询性能的原理。

4．索引设计注意事项

索引的目的是提升查询的速度，但并不是创建了索引就一定会加快查询速度。若想利用索引达到预期的提速效果，在添加索引时必须注意以下事项：

（1）位数越小的数据类型越好。因为位数越小的数据类型，在磁盘、内存和 CPU 缓存中所需要的空间越少，处理起来越快。

（2）越简单的数据类型越好。整型数据比起字符，处理开销更小，因为字符串的大小比较更复杂。在 MySQL 中，应该用内置的日期和时间数据类型，而不是用字符串来存储时间；

或者用整型数据类型存储 IP 地址等。

（3）尽量避免使用 NULL。应该指定列为 NOT NULL，除非想存储 NULL。在 MySQL 中，含有空值的列很难进行查询优化，NULL 使得索引、索引的统计信息以及比较运算更加复杂。应该用 0、一个特殊的值或者一个空串代替 NULL。

（4）列中包含 NULL 值将导致引擎放弃使用索引而进行全表扫描。

7.5 本章小结

本章介绍了 MySQL 子程序、视图、序列和索引等对象。本章的难点是对数据库进行编程。主要知识点如下：

（1）子程序包括存储过程、自定义函数、游标、触发器，可以被编译和存储在数据库中，具有模块化、重用性、可维护性、可扩展性、安全性等特点。

（2）存储过程是一种存储复杂程序，方便外部程序调用的数据库对象，是为了完成某个特定功能的 SQL 语句集合，创建存储过程使用的关键字是 CREATE PROCEDURE。

（3）自定义函数是一种对 MySQL 的扩展，其用法和内置函数相同，创建自定义函数使用的关键字是 CREATE FUNCTION。

（4）游标是一个存储在 MySQL 服务器上的数据库查询机制，类似于数组的下标。使用游标后，可以根据需要按照特定要求取出数据，创建游标使用的关键字是 DECLARE…CURSOR，使用游标前需要先打开。

（5）触发器（TRIGGER）是一种特殊的存储过程，它在插入、修改或删除表中的数据时触发执行，拥有更精细、更复杂的数据控制能力。创建触发器使用的关键字是 CREATE TRIGGER。

（6）视图是从一个或多个表中“糅合”出来的虚拟表。一个视图并不包含真实的数据，它提供了另一个视角去查看或改变表中的数据。

（7）序列就是一组有特定变化规律的整数，其最主要的用途是确保主键数据的唯一性。序列是一个数据库对象，独立于表进行存储，可以为多个表使用。MySQL 中并不支持直接的序列对象创建，而是利用表、函数和触发器来实现类似功能。

（8）索引在 MySQL 中又叫作“键”，英文名为“key”，是存储引擎用于快速找到记录的一种数据结构，索引对于性能的提升非常关键。

另外，通过本章的学习，读者可以扩展学习以下内容：

（1）利用游标循环读取多条记录，或指定记录；

（2）学习其他数据库（支持序列对象）中序列对象的创建和使用方法；

（3）索引提升查询性能的原理和优化方法。

7.6 本章练习

单选题

（1）MySQL 数据库中自定义结束符用哪个关键字？（　　）

A．declare　　B．delimiter　　C．set　　D．var

（2）MySQL 自定义函数中，哪一项是声明变量的关键字？（　　）

A．declare　　B．delimiter　　C．set　　D．var

（3）以下哪一条 SQL 语句不能创建存储过程？（　　）

A．create procedure demo()

B．create procedure demo(name varchar)

C．create procedure demo(in name varchar)

D．create procedure demo(out varchar name)

（4）以下哪一个关键字可以定义触发器？（　　）

A．function　　B．cursor　　C．trigger　　D．procedure

（5）触发器中的事件可以分为三类，不包括（　　）。

A．insert 事件　　B．update 事件　　C．delete 事件　　D．select 事件

（6）现有如下代码，描述错误的是（　　）。

```
delimiter $
create procedure test_pro(in birth1 datetime,in birth2 datetime)
begin
	select datediff(birth1,birth2);
end $
```

A．设置结束符为“$”　　B．创建了一个名为 test_pro 的函数

C．该代码的作用是比较两个日期的大小　　D．参数列表中的 in 可以省略

（7）下列哪一项不是创建视图的目的？（　　）

A．为了随心所欲地使用数据　　B．增加数据的安全性

C．使操作更简单　　D．提高查询效率

（8）以下关于视图的说法中错误的是（　　）。

A．更改视图数据成功后，源表中的数据也会跟着被修改

B．视图的主要作用是用来修改数据

C．对视图插入数据时，即使插入数据的列数及类型符合当前视图的要求，也可能会出错

D．视图是一张虚拟的表

（9）MySQL 不支持直接创建序列对象，借助创建一张表来完成类似功能，下列哪一项不属于创建序列所需？（　　）

A．“获取当前值”函数　　B．定义触发器

C．“删除当前值”函数　　D．“获取下一个值”函数

（10）MySQL 的索引分为 3 类，下列哪一项是错误的？（　　）

A．普通索引　　B．唯一索引　　C．联合索引　　D．自定义索引

（11）以下哪一条语句不能用于创建索引？（　　）

A．使用 CREATE INDEX 语句　　B．使用 ALTER INDEX 语句

C．使用 CREATE TABLE 语句　　D．使用 ALTER TABLE 语句

第8章

数据库管理基础

本章简介

数据库的安全很重要。不安全的数据库将面临数据丢失、系统崩溃等威胁。为了保障数据库的安全，MySQL 数据库提供了完善的管理机制和操作手段。本章重点介绍用户权限管理、数据备份与恢复、多数据库同步等内容。

8.1 权限控制

权限控制，用于防止个别用户的恶意企图，也用于防止用户无意的错误，是 MySQL 服务器安全的基础。

现实中，常见以下控制需求：

（1）少数用户需要建表和删表权限，多数只需要进行读、写操作；

（2）对表中的数据，少数用户需要修改权，多数只需要进行读取；

（3）允许某些用户添加数据，但是不能删除数据；

（4）对某些用户的登录时间和地点进行限制；

（5）让某些用户不能直接访问数据，只允许通过函数或者存储过程访问数据。

上述这些需求，要求为不同用户分配不同权限。MySQL 是一个多用户数据库，可以为不同用户分配不同的权限。

1．权限表

MySQL 通过权限表来控制用户对数据库的访问，权限表存放在 mysql 这个数据库中，主要的权限表有 user、db、host、table_priv、columns_priv 和 procs_priv。

（1）user 表。

user 表是 MySQL 中最重要的一个权限表，该表中配置的所有权限都是全局级的，适用于所有数据库。该表有很多字段，大致可以分为 4 类：用户字段、权限字段、安全字段和资源控制字段。用户字段存储了用户连接 MySQL 数据库时需要输入的信息（如用户名、密码）；权限字段决定了用户的权限，用来描述在全局范围内允许对数据和数据库进行的操作；安全字段主要用来判断用户是否能够登录成功（如密码是否过期）；资源控制字段用来限制用户使用的资源（如每小时允许执行查询操作的次数）。权限字段名称均以“priv”为后缀。如果想查看 root 用户是否具有增、删、改、查的权限，其 SQL 语句如下：

```
mysql> select user,select_priv,insert_priv,update_priv,delete_priv
          from user
          where user = 'root';
```

输出结果：

```
+-- --+------------+------------+---------------+------------+
| user | select_priv | insert_priv | update_priv | delete_priv |
+----+-------------+------------+---------------+------------+
| root | Y           | Y          | Y             | Y          |
+----+-------------+------------+---------------+------------+
1 row in set (0.00 sec)
```

root 用户是 MySQL 的超级用户，拥有 MySQL 所有权限，所以上表呈现了四个 Y（Yes）。

（2）db 表。

db 表也是 MySQL 数据库中非常重要的权限表，该表存储了用户对某个数据库的操作权限，决定用户能在哪个主机操作哪个数据库。db 表字段也分为用户字段和权限字段。db 表中的权限列和 user 表中的权限列大致相同，只是 user 表中的权限是针对所有数据库的，而 db 表中的权限只针对指定的数据库。查看用户对某数据库是否具有增、删、改、查等操作权限，其 SQL 语句如下：

```
mysql> select user,db,select_priv,insert_priv,update_priv,delete_priv from db;
```

输出结果：

```
+---------------+------------------------+-------------+-------------+-------------+-------------+
| user          | db                     | select_priv | insert_priv | update_priv | delete_priv |
+---------------+------------------------+-------------+-------------+-------------+-------------+
| mysql.session | performance_schema | Y           | N           | N           | N           |
| mysql.sys     | sys                    | N           | N           | N           | N           |
+---------------+------------------------+-------------+-------------+-------------+-------------+
2 rows in set (0.00 sec)
```

可见，用户 mysql.session 对数据库 performance_schema 只拥有查询权限。

（3）tables_priv 表。

tables_priv 表用来对单个表进行权限设置。tables_priv 表共有 8 个字段：host、db、user、table_name、grantor、timestamp、table_priv 以及 column_priv。查看该表信息的 SQL 语句如下：

```
mysql> select * from tables_priv;
```

输出结果：

```
+---------+------+------------+--------------+----------------+-----------------------+------------+---------------+
| Host    | Db   | User       | Table_name | Grantor        | Timestamp             | Table_priv | Column_priv |
+---------+------+------------+--------------+----------------+-----------------------+------------+---------------+
|localhost| mysql | mysql.session | user     | boot@          | 0000-00-00 00:00:00 | Select     |             |
|localhost| sys  | mysql.sys | sys_config | root@localhost | 2020-09-03 16:06:15 | Select     |             |
+---------+------+--------------+-----------+----------------+-----------------------+------------+--------------+
2 rows in set (0.05 sec)
```

各字段说明如下：

- host：主机名。
- db：数据库名。
- user：用户名。
- table_name：表名。
- grantor：修改该记录的用户。
- timestamp：修改该记录的时间。
- table_priv：对表的操作权限，包括 select、insert、update、delete、create、drop 等。
- column_priv：对表中字段的操作权限，包括 select、insert、update、reference 等。

（4）column_priv 表。

columns_priv 表用来对单个数据列进行权限设置。该表共有 7 个字段：host、db、user、table_name、column_name、timestamp 以及 column_priv。其中，column_name 用来指定对哪一列进行权限设置，其他字段和 tables_priv 表字段含义相同。查看该表信息的 SQL 语句如下：

```
mysql> select * from column_priv;
```

输出结果：

```
+---------+------+------------+--------------+----------------+------------------------+-------------+
| Host    | Db   | User       | Table_name | column_name | Timestamp              | Column_priv|
+---------+------+------------+--------------+----------------+------------------------+-------------+
|localhost| mysql | mysql.session | user     | user         | 0000-00-00 00:00:00 | Select     |
|localhost| sys   | mysql.sys | sys_config | value         | 2020-11-18 17:03:16 | Select     |
+---------+------+-------------+-----------+----------------+------------------------+-------------+
2 rows in set (0.05 sec)
```

MySQL 权限判定优先级顺序是 user 表→db 表→tables_priv 表→column_priv 表。先检查全局权限表 user，如果 user 中对应的权限为 Y，则此用户对所有数据库的权限都为 Y，将不再检查 db、tables_priv 和 columns_priv；如果为 N，则到 db 表中检查此用户对应的具体数据库，并得到 db 中为 Y 的权限；如果 db 中为 N，则检查 tables_priv 中此数据库对应的具体表，取得表中的权限 Y，以此类推。因此，为了做到“最小权限”原则，建议从列、表级配置开始，尽量不给予全数据库或全局的权限。

（5）procs_priv 表。

procs_priv 表可以对存储过程和存储函数进行权限设置。该表共有 8 个字段：host、db、user、routine_name、routine_type、grantor、proc_priv 以及 timestamp。查看该表信息的 SQL 语句如下：

```
mysql> select * from procs_priv;
```

输出结果：

```
+---------+------+------------+----------------+----------------------------+--------------+-----------------------+
| Host    | Db   | User       | Routine_name | Routine_type | Grantor    | Proc_priv   | Timestamp             |
+---------+------+------------+----------------+----------------+--------- --+--------- ----+-----------------------+
|localhost| world | root       | demo          | function      | root       | execute     |2020-11-18 19:23:26|
+---------+------+------------+----------------+----------------+----------+--------------+-----------------------+
1 rows in set (0.05 sec)
```

各字段说明如下：

- host、db 和 user：分别表示主机名、数据库名和用户名。
- routine_name：存储过程或函数名。
- routine_type：存储过程或函数的类型。该字段有两个值，分别为 function 和 procedure。function 表示自定义函数，procedure 表示存储过程。
- grantor：插入或修改该记录的用户。
- proc_priv：拥有的权限，包括 execute、alter routine 和 grant 三种。
- timestamp：记录更新时间。

如果要修改权限，可以通过 UPDATE 语句更新这些权限表，也可以使用 GRANT 语句为用户授权，用 REVOKE 语句取消授权。初学者掌握 GRANT 和 REVOKE 即可，我们将在下文介绍。

2．用户管理

MySQL 是一个多用户数据库管理系统，其用户分为两种：root 用户和普通用户。root 用户又叫作超级管理员用户，拥有对数据库操作的所有权限；普通用户的权限由 root 用户或者拥有分配权的用户进行分配。

（1）添加用户。

刚安装好 MySQL 系统时，只存在 root 用户，该用户由 MySQL 服务器自动创建，并且被赋予了操作 MySQL 的所有权限。

在对 MySQL 的日常管理和实际操作中，为了避免恶意用户滥用 root 账户操控数据库，尽可能不用或少用 root 账户登录数据库系统，以确保数据库的安全，因此，需要创建一系列普通用户。

使用“create use”语句创建新用户，其语法如下：

```
create user '账号' [identified by '密码']
```

其中，“账号”的格式为“user_name@host_name”。user_name 是账号名称，host_name 为主机名称，即指定账户的同时又指定发起连接的客户端主机名字。也可以不指定主机名，默认为“%”，表示匹配任意客户端主机。

indentified by 子句用于指定账户的密码，该子句若省略，则表示创建的用户没有密码。

例如，创建一个名为“zhangsan”、密码为“123”且不能远程登录的普通用户，其 SQL 语句如下：

```
mysql> create user 'zhangsan'@'localhost' identified by '123';
```

（2）查看用户。

进入 mysql 数据库，在 user 表中查看新插入的用户记录。其 SQL 语句如下：

```
mysql> select user,host from user;
```

输出结果：

```
+---------------------+-----------+
| user                | host      |
+---------------------+-----------+
| mysql.infoschema | localhost |
| mysql.session       | localhost |
```

```
| mysql.sys          | localhost |
| root               | localhost |
| zhangsan           | localhost |
+---------------------+-----------+
5 rows in set (0.00 sec)
```

（3）修改用户密码。

修改用户密码使用 alter 子句，其语法如下：

```
alter user '用户名'@'主机名' identified with mysql_native_password by '新密码';
```

接下来以“zhangsan”用户为例，修改其密码为“123456”，其 SQL 语句如下：

```
mysql> alter user 'zhangsan'@'localhost' identified with mysql_native_password by '123456';
mysql> flush privileges;
```

其中，“flush privileges”表示刷新用户权限。

（4）删除用户。

①使用 drop 子句删除用户，其语法如下：

```
drop user  用户名@主机名;
```

例如，删除“zhangsan”用户的 SQL 语句如下：

```
mysql> drop user zhangsan@localhost;
```

②使用 delete from 子句对 user 表中的记录进行删除，其 SQL 语句如下：

```
mysql> delete from user where user = 'zhangsan' and host = 'localhost';
```

3. 用户权限管理

如前文所述，管理用户权限可以操作权限表，也可以通过简易命令来完成。为便于实验，请先重新创建用户“zhangsan”。

（1）查看用户权限。

语法格式如下：

```
show grants for  用户名@主机名;
```

查看普通用户“zhangsan”的权限，其 SQL 语句如下：

```
mysql> show grants for zhangsan@localhost;
```

输出结果：

```
+--------------------------------------------------------------+
| Grants for zhangsan@localhost                                |
+--------------------------------------------------------------+
| GRANT USAGE ON *.* TO `zhangsan`@`localhost` |
+--------------------------------------------------------------+
1 row in set (0.00 sec)
```

查询结果中，USAGE 表示的权限范围小到可以忽略，仅仅能连接数据库和查询 information_schema。可以做这样的实验，使用“zhangsan”用户连接 MySQL，然后尝试切换到 mysql 数据库中：

```
mysql> use mysql
```

输出结果：

```
ERROR 1044 (42000): Access denied for user 'zhangsan'@'localhost' to database 'mysql'
```

出现错误提示，因为当前“zhangsan”用户不具备 mysql 这个数据库的访问权限。

（2）权限授予。

使用关键字 grant，其语法格式如下：

```
grant 权限名称[(列名)][, 权限名称(列名)] on 权限级别 to 用户 [with option]
```

参数说明如下：

- 权限名称：如 select、update、insert、delete 等数据库操作。
- 列名：可以给某一列或多列指定权限，省略则表示所有列。
- 权限级别：有以下几种情况。

①列权限：与表中的一个具体列相关，影响权限表 columns_priv；

②表权限：与表中的所有数据相关，影响权限表 tables_priv；

③数据库权限：和一个数据库中的所有表相关，影响权限表 db；

④用户权限：和 MySQL 中所有数据库相关，影响权限表 user。

- 指定权限级别可以有以下几种格式：

①*：表示当前数据库中的所有表；

②*.*：表示所有数据库中的所有表；

③db_name.*：表示指定数据库的所有表，db_name 为数据库名；

④db_name.tb_name：表示指定数据库中的指定表或视图，db_name 为数据库名，tb_name 为表名或视图名；

⑤tb_name：表示指定表或视图；

⑥db_name.routine_name：表示指定数据库中指定存储过程或函数，db_name 为数据库名，routine_name 为存储过程或函数名。

如果想给某个用户所有权限，将“权限名称[(列名)][, 权限名称(列名)] on 权限级别”替换为“all privileges”。

- 用户：该参数格式为“user_name@host_name”。
- with option：可选项，进行权限限制。

例如，给“zhangsan”用户赋予“mysql 数据库中所有表的 select 权限”，其 SQL 语句如下：

```
grant select on mysql.* to zhangsan@localhost;
```

读者可自行验证 zhangsan 是否能进入 mysql 数据库执行查询操作。

（3）权限限制。

在 grant 语法中，可使用 with 对权限进行限制，主要包括：

①grant option：表示将自己拥有的权限转移给其他用户。

②max_queries_per_hour count：表示限制每小时可以查询数据库的次数，count 表示具体数字，0 表示不限制。

③max_update_per_hour count：表示限制每小时可以修改数据库的次数，count 表示具体数字，0 表示不限制。

④max_connections_per_hour count：表示限制每小时可以连接数据库的次数，count 表示具体数字，0 表示不限制。

⑤max_user_connections count：表示限制同时连接 MySQL 数据库的最大用户数。

（4）权限撤销。

当某个用户不再适合拥有某个权限时，需要撤销其权限。撤销权限使用关键字 revoke，其语法有两种格式。

格式一：

```
revoke 权限名称[(列名)] on 权限级别 from 用户
```

该语法用于回收某个用户的特定权限。

格式二：

```
revoke all privileges,grant option from 用户
```

该语法用于回收某个用户的所有权限。

例如，回收“zhangsan”用户在 mysql 数据库中的 select 权限，其 SQL 语句如下：

```
mysql> revoke select on mysql.* from zhangsan@localhost;
```

如果回收其所有权限，SQL 语句如下：

```
mysql> revoke all privileges,grant option from zhangsan@localhost;
```

8.2 二进制日志

MySQL 日志用来记录 MySQL 数据库的客户端连接情况、SQL 语句执行情况以及错误信息。例如，MySQL 服务器在某个时间突然停止了，相关信息就会记录到日志文件中。

MySQL 中常用的日志有多种，此处着重介绍二进制日志的作用。

二进制日志（binary log）又叫作变更日志（update log），主要用于记录数据库的变化情况，不记录查询语句。通过二进制日志可以查看 MySQL 数据库进行了哪些改变。

1．查看二进制日志开启状态

二进制日志中记录了对 MySQL 数据库的所有写操作，并且记录了语句发生时间、执行时长、操作数据等其他额外信息，但是它不记录 SELECT、SHOW 等对数据库的读操作。二进制日志主要用于数据库恢复、主从同步、审计（audit）和性能优化。该功能默认情况下是关闭的，可以使用“show variables like 'log_bin%'”命令查看二进制日志的状态：

```
mysql>show variables like 'log_bin%';
```

输出结果：

```
+-----------------------------------+--------------------------------+
| Variable_name                     | Value                          |
+-----------------------------------+--------------------------------+
| log_bin                           | ON                             |
```

```
| log_bin_basename                | /var/lib/mysql/binlog        |
| log_bin_index                   | /var/lib/mysql/binlog.index |
| log_bin_trust_function_creators | OFF                          |
| log_bin_use_v1_row_events       | OFF                          |
+---------------------------------+------------------------------+
5 rows in set (3.17 sec)
```

其中，log_bin 如果为 OFF，则表示二进制日志功能是关闭状态；log_bin_basename 表示的是二进制日志文件的存储位置。

2．启动二进制日志

修改配置文件 my.cnf（该文件位置为/etc/my.cnf），在[mysqld]组下增加 log-bin 参数，方法如下：

```
log-bin [=DIR\filename]
```

其中，DIR 指定二进制日志文件存放路径；filename 指定二进制日志文件名前缀。日志文件名是前缀加数字后缀——filename.number，number 为 000001、000002 等自动生成的数字。另外，还有一个名为 filename.index 的文件会被自动生成，其内容是二进制日志文件清单。每次重启 MySQL 服务后，都会生成一个新的二进制日志文件，这些日志文件的 number 会不断递增。如果 log-bin 不设置参数，二进制日志文件默认存储在数据库的数据目录下。默认的文件名为 hostname-bin.number，其中 hostname 为主机名。

二进制日志文件可以用于还原数据库，所以二进制日志文件的存放位置有个小技巧，那就是不要和数据文件放在同一块硬盘上，或者将其存储在云端。这样，即使数据文件损坏了也可以通过二进制日志文件进行恢复。

3．查看二进制日志文件

（1）查看当前二进制日志文件信息，其 SQL 命令如下：

```
mysql> show master status;
```

输出结果：

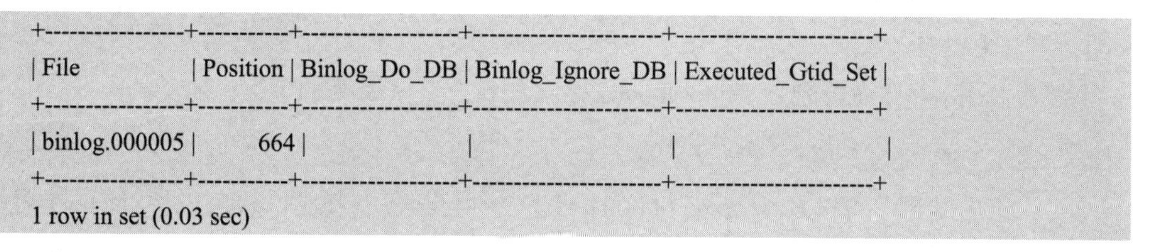

```
+---------------+----------+--------------+------------------+-------------------+
| File          | Position | Binlog_Do_DB | Binlog_Ignore_DB | Executed_Gtid_Set |
+---------------+----------+--------------+------------------+-------------------+
| binlog.000005 |      664 |              |                  |                   |
+---------------+----------+--------------+------------------+-------------------+
1 row in set (0.03 sec)
```

（2）查看当前所有的二进制日志文件，其命令如下：

```
mysql> show binary logs;
```

输出结果：

```
+---------------+-----------+-----------+
| Log_name      | File_size | Encrypted |
+---------------+-----------+-----------+
| binlog.000001 |       477 | No        |
| binlog.000002 |    735363 | No        |
```

```
| binlog.000003 |          156 | No          |
| binlog.000004 |          179 | No          |
| binlog.000005 |          664 | No          |
+-------------- -+------------+------------+
5 row in set (0.03 sec)
```

也可以使用“show master logs”命令，结果是一样的。

（3）查看二进制日志文件内容。

用二进制格式存储日志信息，可以使日志写入更高效，但是不能直接查看其内容。需要使用“mysqlbinlog”命令查看二进制日志，其语法格式如下：

```
mysqlbinlog filename.number
```

注意：需要在文件所在目录下运行该命令，否则将找不到文件。

4．删除二进制日志文件

二进制日志文件的删除分两种情况，即手动删除和自动清理。

（1）手动删除，可使用 purge 命令和 reset 命令。

①purge 命令使用格式如下：

```
purge binary logs to '日志名'
```

其含义是删除某个日志之前的所有二进制日志文件。例如，查看当前的所有日志文件：

```
mysql> show binary logs;
```

输出结果：

```
+----------------+------------+------------+
| Log_name       | File_size | Encrypted |
+----------------+------------+------------+
| demo.000001 |          783 | No          |
| demo.000002 |          761 | No          |
+-------------- -+------------+------------+
2 row in set (0.03 sec)
```

然后利用 purge 命令删除 demo.000002 之前的日志，其命令如下：

```
mysql> purge binary logs to 'demo.000002';
```

再次查看结果，可以发现 demo.000001 日志文件已经不存在了。也可以按时间节点进行清除：

```
mysql> purge binary logs before '2020-09-03 09:00:00';
```

表示清除指定时间节点以前的所有日志文件。

②reset 命令使用格式如下：

```
reset master
```

注意：全部清除后，MySQL 服务器会自动再生成一个以 000001 编号的二进制日志文件。

（2）设置自动清除。

对 binlog_expire_logs_seconds 参数进行设置，单位是秒，当其值为 0 时，表示不启动自

动删除日志功能。如果启动了该功能，则表示超出设置时间的二进制日志文件会被自动删除，自动删除工作通常发生在 MySQL 服务器启动或刷新日志的时候。

①查看自动删除功能是否启动，其命令如下：

```
mysql> show variables like 'binlog_expire_logs_seconds';
```

输出结果：

```
+----------------------------------+--------+
| Variable_name                    | Value  |
+----------------------------------+--------+
| binlog_expire_logs_seconds       |      0 |
+----------------------------------+--------+
1 row in set, 1 warning (0.00 sec)
```

②设置过期自动清除日志天数，其命令如下：

```
mysql> set global binlog_expire_logs_seconds = 60*60*24*7;
```

表示存在时间超过 7 天的日志将被自动清除。

8.3 备份与恢复

数据库实际运行中存在许多不确定因素，造成数据库运行异常、数据库丢失等。这些因素包括但不限于：

（1）计算机硬件故障；

（2）计算机软件故障；

（3）病毒；

（4）人为误操作；

（5）自然灾害；

（6）人为破坏。

面对这些可能造成数据丢失或损坏的不确定因素，数据库系统提供了备份和恢复策略来保障数据库的可靠性和完整性。数据库备份是指通过导出数据或复制数据文件的方式来制作一份数据库的副本。根据备份的数据集合范围，数据库备份可以分为完全备份和增量备份。

1．完全备份与恢复

完全备份就是将数据库中的数据及所有对象全部进行备份。由于 MySQL 服务器中的数据文件是基于磁盘的文本文件，所以完全备份就是复制数据库文件，是最简单也是最快速的方式。但 MySQL 服务器的数据文件在服务器运行期间总是处于打开状态，为实现真正的完全备份，需要先停止 MySQL 数据库服务器。为了保障数据的完整性，在停止 MySQL 服务器之前，需要先执行“flush tables”语句将所有数据写入数据文件中。对于该方法，读者仅需了解，因为将生产环境下的数据库停下来做备份是不可取的。

可使用 mysqldump 命令实现对表、数据库、数据库系统进行备份，其语法如下：

```
mysqldump [-h 主机名] –u 用户名 –p 密码 --lock-all-tables --database [tables] > 文件名
```

其中，“-h 主机名”可省略，表示本地服务器；“--lock-all-tables”对要备份的数据库的所有表施加读锁（在这个过程中，数据库严格处于 read only 状态）；“--database”后面可以加上

需要备份的表，若没有指定表名，则表示备份整个数据库。

以下进行数据库完全备份与恢复演示。

（1）准备一张 student 表，将该表建在 world 数据库中，查询其数据如下：

```
mysql> select * from student;
```

输出结果：

```
+-------+---------+--------+
| stuId | stuName | stuAge |
+-------+---------+--------+
|     1 | 张三    |     18 |
|     2 | 李四    |     19 |
|     3 | 王五    |     18 |
+-------+---------+--------+
3 rows in set (0.01 sec)
```

（2）使用“flush tables;”语句将所有数据写入数据文件中：

```
mysql> flush tables;
```

（3）退出 MySQL 环境，使用 mysqldump 命令对数据库 world 进行完全备份：

```
[root@master /]# mysqldump -u root -p123456 --lock-all-tables --databases world > /backup/world.sql
```

（4）进入/backup 目录，查看备份文件：

```
[root@master backup]# ls
world.sql
```

现在，我们对 world 这个数据库已经进行了完全备份，不怕其数据丢失。

（5）模拟 world 数据库中的 student 表丢失：

```
mysql> drop table student;
```

（6）确认表被删除：

```
mysql> show tables;
+--------------------+
| Tables_in_world    |
+--------------------+
| city               |
| country            |
| countrylanguage    |
+--------------------+
3 rows in set (0.01 sec)
```

（7）使用 MySQL 命令恢复数据库：

```
[root@master /]# mysql -uroot -p123456 < /backup/world.sql
```

（8）进入 MySQL 环境，查看恢复结果：

```
mysql> show tables;
```

```
+-----------------+
| Tables_in_world |
+-----------------+
| city            |
| country         |
| countrylanguage |
| student         |
+-----------------+
4 rows in set (0.01 sec)
```

（9）验证表中数据：

```
mysql> select * from student;
```

输出结果：

```
+-------+---------+--------+
| stuId | stuName | stuAge |
+-------+---------+--------+
|     1 | 张三    |     18 |
|     2 | 李四    |     19 |
|     3 | 王五    |     18 |
+-------+---------+--------+
3 rows in set (0.01 sec)
```

2．增量备份与恢复

增量备份是对上次完全备份或增量备份以来改变了的数据进行备份，依赖二进制日志文件，需要开启数据库的 binlog 日志。先对数据库进行一次全量备份，备份的同时将 binlog 日志刷新，在这次备份之后的所有操作都会记录在新增的 binlog 日志当中，我们只需要对增加的 binlog 进行备份，就实现了对不断增加内容的数据库的完美备份了。当数据库出现异常的时候，我们可以先恢复最近一次的全量备份，接着将增量备份的文件一个一个按顺序恢复即可实现数据库恢复。

（1）完全备份。

假设已开启 binlog 日志，执行完全备份：

```
[root@master /]# mysqldump -u root -p123456 --databases world > /backup/world.sql
[root@master /]# mysqladmin -u root -p123456 flush-logs //刷新生成 MySQL 在完全备份后的新日志文件
```

查看当前二进制日志文件信息：

```
mysql> show master status;
```

输出结果：

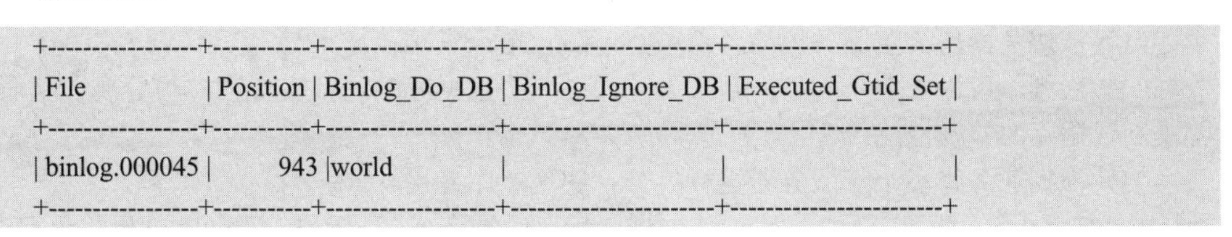

```
+-----------------+----------+--------------+------------------+-------------------+
| File            | Position | Binlog_Do_DB | Binlog_Ignore_DB | Executed_Gtid_Set |
+-----------------+----------+--------------+------------------+-------------------+
| binlog.000045   |      943 |world         |                  |                   |
+-----------------+----------+--------------+------------------+-------------------+
```

这说明新的日志文件编号为 45，位置为 943，意味着接下来的数据变化将被记录在 45 号日志文件中。

（2）新增记录：

```
mysql>use world;
mysql>insert into student values(4,'小刘',17);
mysql>exit
```

（3）备份 45 号日志文件：

```
# mysqladmin –u root –p123456 flush-logs
# sudo mysqlbinlog /var/lib/mysql/binlog.000045 > /backup/binlog.000045.sql
```

flush-logs 将生成新的日志文件（46 号）。此时，完全备份以来，到生成 46 号日志文件期间的所有操作，不仅被记录在了 45 号日志文件中，也存在于/backup/binlog.000045.sql 中。

（4）模拟数据“小刘”的信息被误删除：

```
mysql> delete from student where stuId = 4;
```

（5）恢复数据：

```
# mysql -u root -p world < /backup/world.sql
# mysqlbinlog --no-defaults /backup/binlog.000045.sql | mysql -u root -p123456
```

注意：此处可以用日志文件的备份（/backup/binlog.000045.sql）来恢复，也可以直接用日志文件进行恢复。

以上，我们通过恢复整个日志文件的方式来恢复数据，相当于在完全备份的基础上，将日志中的步骤重新执行一遍。如果在一个日志文件中夹杂了正确操作和错误操作，则需要使用基于时间的或基于位置的断点恢复，读者可自行扩展相关知识。

8.4 主 从 同 步

随着业务复杂度的增加，单台 MySQL 数据库服务器已无法满足实际的需求，取而代之的是数据库服务器集群。MySQL 具有支持分布式的特性，能轻松搭建一个支持高并发的 MySQL 数据库服务器集群。在数据库服务器集群中，我们必须保证各个 MySQL 节点的数据是同步的。主从同步就是一种最为常见的同步方式。

1. 主从同步介绍

主从同步是指，在数据同步过程中，一台服务器充当主服务器（Master），接收来自用户的内容更新；另一台或多台其他的服务器充当从服务器（Slave），接收来自主服务器的 binlog 内容，解析出 SQL 语句，更新到从数据库，使得主从服务器的数据达到一致。

MySQL 主从同步的主要应用场景有：

（1）从服务器作为主服务器的备份节点，防止单点灾难；

（2）后续，可以在主从同步的基础上，通过一些数据库中间件实现读、写分离，从而大幅提高数据库的并发性能；

（3）根据业务将多个从服务器进行拆分，实现专库专用。

从 MySQL 5.6 版本开始，实现主从数据同步有两种方式：基于日志（binlog）和基于 GTID

（全局事务标示符）。本书主要讲解基于日志方式实现一主一从同步。

要实现 MySQL 主从同步，首先必须打开 Master 端的 binlog 记录功能，否则就无法实现。因为整个同步过程实际上就是 Slave 端从 Master 端获取 binlog 日志，然后再在 Slave 上以相同的顺序执行从 binlog 日志中所记录的各种 SQL，如图 8-1 所示。

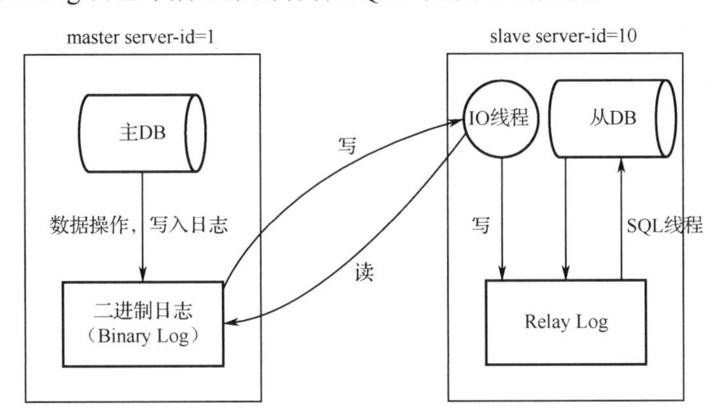

图 8-1　主从同步原理示意图

主从同步原理：

（1）主数据库中对数据的各种操作都会自动写入 Binary Log 中；

（2）从数据库会在一定时间间隔内探测主数据库的 Binary Log 是否发生变化，如有变化，则开始一个 IO 线程，请求访问主数据库的二进制日志文件并保存到从数据库的中继日志（Relay Log）中；

（3）从数据库启动 SQL 线程从中继日志中读取二进制日志，在本地重放，使其数据与主数据库保持一致，完成后相关线程会陷入休眠，等待下一次唤醒。

设置主从同步，还有以下几个前提：

①主库和从库的版本保持一致；

②主从同步集群中每个数据库实例的 server-id 值不能重复。

下面演示一下主从同步的实现过程，本次示例主服务器 IP 为 192.168.8.19，从服务器 IP 为 192.168.8.22。

2．配置主服务器

（1）修改配置文件 my.cnf（该文件所在位置为/etc/my.cnf），具体参数如下：

```
server-id=1
sync-binlog=1
binlog-do-db=world
```

参数说明：

- server-id：即主从集群中每个数据库实例 id，在多个服务器间该值不能重复，可以设置 1～255 的任意值。
- sync-binlog：该参数控制数据操作与磁盘日志同步频率。该参数的值 *n* 表示执行 *n* 次写入后与磁盘同步一次，示例中设置为 1，是最安全的，但也是最慢的。
- binlog-do-db：表示准备进行同步的数据库。

（2）完成配置后重启 MySQL 服务器，命令如下：

```
[root@master /]# service mysqld restart
```

输出结果：

```
Redirecting to /bin/systemctl restart mysqld.service
```

（3）在主服务器的 MySQL 数据库中增加一个可以进行主从同步权限的用户。命令如下：

```
mysql> create user 'zcdemo'@'192.168.8.22' identified by '123456';
```

输出结果：

```
Query OK, 0 rows affected (0.09 sec)
```

（4）给新创建的“zcdemo”用户赋予权限，命令如下：

```
mysql> grant replication slave on *.* to 'zcdemo'@'192.168.8.22';
```

输出结果：

```
Query OK, 0 rows affected (0.05 sec)
```

注意：步骤（3）和（4）中的 IP 都是从服务器的 IP 地址。

（5）查看二进制日志状态信息，获取 position 的值，为从服务器配置做准备，命令如下：

```
mysql> show master status;
+----------------+----------+-----------------+-------------------+-----------------------+
| File           | Position | Binlog_Do_DB    | Binlog_Ignore_DB  | Executed_Gtid_Set     |
+----------------+----------+-----------------+-------------------+-----------------------+
| binlog.000012  |      715 | world           |                   |                       |
+----------------+----------+-----------------+-------------------+-----------------------+
1 row in set (0.02 sec)
```

3．配置从服务器

（1）和主服务器一样，对配置文件 my.cnf 进行参数设置，确保 server-id 的值不重复，如下所示：

```
server-id=10
```

（2）完成配置后也需要重启 MySQL 服务器，参照主服务器上的操作即可。

（3）登录 MySQL，对从服务器进行设置，命令如下：

```
mysql> change master to
    -> master_host='192.168.8.19',
    -> master_user='zcdemo',
    -> master_password='123456',
    -> master_log_file='binlog.000012',
    -> master_log_pos=715;
```

输出结果：

```
Query OK, 0 rows affected, 2 warnings (0.53 sec)
```

参数说明：

- master_host：设置主服务器 IP 地址；
- master_user：主服务器中设置的用户名；
- master_password：主服务器中设置的用户名对应密码；
- master_log_file：二进制日志文件名；
- master_log_pos：二进制日志的 position 值。

（4）启动主从操作，命令如下：

```
mysql> start slave;
```

（5）查看从库状态，命令如下：

```
mysql> show slave status\G
```

输出结果：

```
*************************** 1. row ***************************
Slave_IO_State: Waiting for master to send event
Master_Host: 192.168.8.19
Master_User: zcdemo
Master_Port: 3306
Connect_Retry: 60
Master_Log_File: binlog.000012
Read_Master_Log_Pos: 715
Relay_Log_File: slave1-relay-bin.000002
Relay_Log_Pos: 321
Relay_Master_Log_File: binlog.000012
Slave_IO_Running: Yes
Slave_SQL_Running: Yes
Replicate_Do_DB:
Replicate_Ignore_DB:
Replicate_Do_Table:
Replicate_Ignore_Table:
Replicate_Wild_Do_Table:
Replicate_Wild_Ignore_Table:
Last_Errno: 0
Last_Error:
Skip_Counter: 0
Exec_Master_Log_Pos: 715
……
Get_master_public_key: 0
Network_Namespace:
1 row in set (0.07 sec)
```

我们主要查看的是 Slave_IO_Running 和 Slave_SQL_Running，如果它们的值都是 Yes，则表示主从环境配置成功。

（6）修改防火墙配置，开放 3306 端口，命令如下：

```
firewall-cmd --zone=public --add-port=3306/tcp –permanent
```

参数说明：

- zone：表示作用域；
- add-port=3306/tcp：表示添加端口，格式为“端口/通信协议”；
- permanent：表示永久生效，如果没有此参数，则重启后将失效。

（7）重启防火墙，命令如下：

```
systemctl restart firewalld.service
```

4．测试主从同步

配置完成后我们进行一个简单的测试。在主从服务器的 world 数据库中各先准备一张拥有相同数据的 student 表，表中信息如下：

主服务器：

```
mysql> select * from student;
```

输出结果：

```
+-------+-----------+
| id    | name      |
+-------+-----------+
|     1 | 小张      |
+-------+-----------+
1 row in set (0.00 sec)
```

从服务器：

```
mysql> select * from student;
```

输出结果：

```
+-------+-----------+
| id    | name      |
+-------+-----------+
|     1 | 小张      |
+-------+-----------+
1 row in set (0.00 sec)
```

接下来，在主服务器中插入一条记录，然后在从服务器中查看是否同步了该条记录。

主服务器新增数据：

```
mysql> insert into student values(2,'小蓝');
```

从服务器查询数据：

```
mysql> select * from student;
```

输出结果：

```
+-------+-----------+
| id    | name      |
+-------+-----------+
|     1 | 小张      |
```

```
|       2| 小蓝     |
+-------+-----------+
2 row in set (0.00 sec)
```

这说明主从同步良好运行。

8.5　本章小结

本章从另外一个角度介绍数据库的安全保障，主要知识点如下：

（1）管理 MySQL 权限常用到的表有 user、db、tables_priv、columns_priv 以及 procs_priv；权限判定优先级顺序是 user 表→db 表→tables_priv 表→column_priv 表。

（2）使用“create user”命令创建用户，后面跟“identified by”子句可指定用户密码。

（3）修改用户密码可使用“alter user”子句，修改完成后使用“flush privileges”刷新用户权限。

（4）查看用户权限使用“show grants”子句，给用户授予权限使用“grant”关键字，根据作用范围，权限级别分为列级权限、表级权限、数据库权限以及用户权限；授权时可以使用“with”关键字来对权限进行限制；可以使用“revoke”关键字撤销用户权限。

（5）二进制日志文件对 MySQL 数据库至关重要，记录了对 MySQL 数据库的数据变更操作；开启二进制日志功能，需要在配置文件 my.cnf 中增加“log-bin”参数；用“show master”或“show binary”命令查看二进制日志文件相关信息；用“purge”命令删除二进制日志文件。

（6）常用数据库备份策略是：完全备份+增量备份+二进制文件。

（7）完全备份使用“mysqladmin”命令，恢复则使用“mysql”命令。

（8）对二进制日志文件进行备份，利用二进制文件（或其备份）恢复数据都使用“mysqlbinlog”命令。

（9）实现主从同步需要开启二进制日志功能，同时需要满足多个条件：主从数据库版本相同，主从服务器在同一网段，集群中每个数据库实例的 server-id 值不能重复。

（10）主从配置完成后，用“show slave status”命令查看从库状态，若参数 Slave_IO_Running 和 Slave_SQL_Running 值为 Yes，则表示主从环境配置成功。

另外，读者可以扩展学习以下内容：

（1）使用多种方式修改 MySQL 用户密码；

（2）对比学习修改权限表和使用简易命令两种方式来管理用户权限；

（3）除掌握用整个二进制文件（或其备份）恢复数据外，尝试使用基于时间的或基于位置的断点恢复以实现更精确的数据恢复。

8.6　本章练习

单选题

（1）以下哪张表不属于权限表？（　　）

A．user　　　　B．db　　　　C．tables_priv　　　　D．db.priv

（2）创建用户和删除用户的命令分别是（　　）。

A．create user 和 drop user　　B．create user 和 delete user

C．add user 和 drop user　　D．alter user 和 drop user

（3）给用户授权和撤销权限的命令分别是（　　）。

A．grant 和 drop grant　　B．grant 和 revoke

C．add grant 和 revoke　　D．add grant 和 delete grant

（4）MySQL 数据库中，完全备份数据库的命令是（　　）。

A．backup　　B．mysqld　　C．mysqldump　　D．copy

（5）软硬件故障常造成数据库中的数据被破坏。数据库恢复就是（　　）。

A．重新安装数据库管理系统和应用程序

B．重新安装应用程序，并将数据库做镜像

C．重新安装数据库管理系统，并将数据库做镜像

D．在尽可能短的时间内，把数据库恢复到故障发生前的状态

（6）下面哪种备份是在某一次完全备份的基础上，只备份其后数据的变化？（　　）

A．比较　　B．检查　　C．增量　　D．表备份

（7）导出数据库正确的方法是（　　）。

A．mysqldump –u 用户名 –p 密码 数据库名 > 文件名

B．mysqldump –u 用户名 –p 密码 数据库名 文件名

C．mysqldump –u 用户名 –p 密码 数据库名 >> 文件名

D．mysqldump –u 用户名 –p 密码 数据库名 = 文件名

（8）利用二进制日志文件恢复数据库的命令是（　　）。

A．mysqldump　　B．mysqlbinlog　　C．mysql　　D．copy

（9）下列哪个命令可以利用完全备份文件恢复被破坏的表结构？（　　）

A．mysqldump　　B．mysqlbinlog　　C．mysql　　D．copy

（10）以下描述正确的是（　　）。

A．mysqldump 用来刷新二进制日志文件

B．mysqladmin 用来备份数据库和二进制日志

C．mysqlbinlog 用来查看二进制文件信息

D．flush-log 和刷新二进制日志有关

（11）查看主从同步配置是否成功，以下哪个参数结果可以作为判断标志？（　　）

A．Slave_IO_State　　B．master_host

C．Master_Port　　D．Slave_SQL_Running

第 9 章 数据库优化

本章简介

数据库是存储数据对象的容器，是有组织、可共享的数据集合。数据长期存储在计算机内，其存储方式有特定的规律，其优化也就有迹可循。数据库优化涉及多个方面，本章主要从 MySQL 存储引擎优化和 SQL 语句优化两个方面进行阐述，对读者了解数据库性能提升方法起到一个抛砖引玉的作用。

9.1 存储引擎优化

MySQL 数据库中典型的数据对象有表、视图、索引、存储过程、函数及触发器等，其中，表是最重要的对象。我们已经知道，使用“create table”语句可创建一张数据表，但我们还不知道其背后有存储引擎之分。

1. 什么是存储引擎

MySQL 用各种不同的技术将数据存储在文件（或内存）中，这些技术使用不同的存储机制、索引技巧、锁定水平，也提供多样的、不同的功能和能力。通过选择不同的技术，能够获得额外的速度或功能，从而改善应用的整体功能和性能。

这些不同的技术及配套的相关功能在 MySQL 中被称为存储引擎，也被称为表类型。在 Oracle 和 SQL Server 等数据库中只有一种存储引擎，也即只有一种存储管理机制，但是，MySQL 数据库提供了多种存储引擎，主要有 InnoDB（5.7 版本默认引擎）、MyISAM、MEMORY、ARCHIVE 等。

2. 存储引擎的选择

每种 MySQL 存储引擎都有各自的特点，在不同的业务场景下，数据库开发人员应选用合适的存储引擎。读者朋友们可以查看当前 MySQL 数据库支持的存储引擎，查询的方法比较简单，使用“show engines\G”语句即可，其中，\G 是一种输出格式，代码如下：

```
mysql> show engines \G
*************************** 1. row ***************************
      Engine: MEMORY
     Support: YES
     Comment: Hash based, stored in memory, useful for temporary tables
```

```
Transactions: NO
          XA: NO
  Savepoints: NO
*************************** 2. row ***************************
      Engine: ARCHIVE
     Support: YES
     Comment: Archive storage engine
Transactions: NO
          XA: NO
  Savepoints: NO
*************************** 3. row ***************************
      Engine: MyISAM
     Support: YES
     Comment: MyISAM storage engine
Transactions: NO
          XA: NO
  Savepoints: NO
*************************** 4. row ***************************
      Engine: InnoDB
     Support: DEFAULT
     Comment: Supports transactions, row-level locking, and foreign keys
Transactions: YES
          XA: YES
  Savepoints: YES
……
*************************** 9. row ***************************
      Engine: FEDERATED
     Support: NO
     Comment: Federated MySQL storage engine
Transactions: NULL
          XA: NULL
  Savepoints: NULL
9 rows in set (0.00 sec)
```

可以看到，MySQL 数据库有 9 种存储引擎（但并不是所有的存储引擎都被支持）。各参数的含义如下。

- Engine：数据库存储引擎的名称。
- Support：当前是否支持该类存储引擎。
- Comment：对该数据库存储引擎的解释说明。
- Transactions：是否支持事务处理。
- XA：是否支持分布式交易处理的 XA 规范。
- Savepoints：是否支持保存点，以便事务进行回滚操作。

不同的引擎有不同的特点（见表 9-1），以适应各种需求。

表 9-1　主要存储引擎的特点

功能	InnoDB	MYISAM	Memory	Archive
存储限制	64TB	256TB	RAM	None
支持事务	Yes	No	No	No
支持全文索引	Yes（从 MySQL 5.6 版本开始支持）	Yes	No	No
支持数字索引	Yes	Yes	Yes	No
支持哈希索引	No	No	Yes	No
支持数据缓存	Yes	No	N/A	No
支持外键	Yes	No	No	No

根据不同存储引擎的特点及应用场景，可以参考如下建议。

①如果想具备提交、回滚、崩溃恢复能力的事务安全（ACID 兼容）能力，并且要求实现并发控制，则 InnoDB 是一个好的选择。

②如果数据表主要用来插入和查询记录，并且应用程序对查询性能的要求较高，则选择 MyISAM 引擎能提供较高的处理效率。

③如果只是临时存放数据，并且数据量不大也不需要较高的数据安全性，则可以选择将数据保存在内存中，即使用 Memory 存储引擎，MySQL 也使用该存储引擎作为临时表，存放查询的中间结果。

④如果只有插入和查询操作，即没有数据需要变更，则可以选择 Archive，Archive 支持高并发的插入操作，但是本身不涉及事务安全，Archive 非常适合存储归档数据，如日志信息。

一个数据库中的不同表可以使用不同的存储引擎以满足各种性能需求，使用合适的存储引擎，将会提高整个数据库的性能。

3. InnoDB 存储引擎及其优化

InnoDB 是事务型数据库的首选引擎，支持事务安全表（ACID），支持行锁定和外键，并且从 MySQL 5.5 版本开始，MySQL 默认的存储引擎为 InnoDB。

（1）InnoDB 存储引擎的特点如下。

①InnoDB 给 MySQL 提供了具有提交、回滚和崩溃恢复能力的事务安全（ACID，即原子性、一致性、隔离性、持久性）兼容。

②InnoDB 支持行级锁，行级锁的粒度小，在高并发环境下产生冲突的概率低，能够更好地保障数据安全，实现事务的隔离性，因此更适合具有大量写操作的场景。

③InnoDB 存储引擎用自己的缓冲池维护主内存里的缓存数据和索引，大大提高了查询效率。

此外，InnoDB 存储引擎还具有与 MySQL 服务器整合性好、支持外键完整性约束、灾难恢复性比较好等特点。

（2）InnoDB 存储引擎的优化。

采用 InnoDB 作为存储引擎时，主要通过以下几个参数来优化。

①innodb_buffer_pool_size。buffer pool，顾名思义，是缓冲池的意思。该参数表示缓存索引和数据的总内存大小，在 my.cnf 文件中直接设置参数值。

在 innodb_buffer_pool_size 所设定的内存容量之外，大约有 8%的额外开销用于每个缓存

页帧的描述和数据结构等；如果 MySQL 不是安全关闭的，则在重新启动时还会有 12%的额外内存用于恢复。也就是说，在 innodb_buffer_pool_size 所设定的内存容量的基础上，大约有 20%的额外开销。

举个例子，若系统有 16GB 内存，支持系统启动会消耗 1.5GB，剩余 14.5GB；系统上此时只运行 MySQL，并且 MySQL 只用 InnoDB 存储引擎，如果设置 innodb_buffer_pool_size 为 12GB，InnoDB 最多会占用 14.4GB（12GB+12GB×20%），实现了最大限度地利用内存。

InnoDB 的缓存池（buffer pool）会缓存数据和索引，因此我们在操作一个 InnoDB 表的过程中所用到的任何一个索引都会在这个内存区域中走一遍，所以适当增大该参数，可以有效地减少磁盘 I/O 操作。

如何确定当前的值是否合适呢？可以通过（Innodb_buffer_pool_read_requests－Innodb_buffer_pool_reads）/Innodb_buffer_pool_read_requests×100%计算缓存命中率，其中，Innodb_buffer_pool_read_requests 表示从缓冲池中读取数据的总请求数，Innodb_buffer_pool_reads 表示在 InnoDB 缓冲池中无法满足，需要从物理磁盘中读取的请求数，根据命中率来调整 innodb_buffer_pool_size 参数的大小，从而使命中率越高越好。

使用 show status like 'Innodb_buffer_pool_read%';查看当前系统中的相关参数值，代码如下：

```
mysql> show status like 'Innodb_buffer_pool_read%';
+-------------------------------------------------+-------+
| Variable_name                                   | Value |
+-------------------------------------------------+-------+
……
| Innodb_buffer_pool_read_requests                | 14393 |
| Innodb_buffer_pool_reads                        | 825   |
+-------------------------------------------------+-------+
5 rows in set (0.27 sec)
```

此时的命中率为（14393−825）/14393×100%=94.3%，如果计算出的缓存命中率高，则意味着 InnoDB 可以满足缓冲池自身的大部分请求，从磁盘完成读取的比例非常小；如果命中率过低，则需要考虑提高 innodb_buffer_pool_size 的值，这样才能缓存更多的数据。

②innodb_log_file_size。log file size，从名字上看，该参数表示日志文件的大小，当一个日志文件的大小达到该参数值时就会新建一个日志文件来承载新的日志。写操作较多时，会产生大量日志，如果日志文件过大，在进行数据库恢复时，就需要消耗很多时间。一般设置在 64～512MB，具体取决于服务器的空间大小。

③innodb_log_buffer_size。通过内存缓冲延缓磁盘 I/O 以提高访问的效率，这是常见的性能优化手段。在 MySQL 中，各项日志记录并不会直接写入磁盘，而是先写到日志缓冲区，该参数控制日志缓冲区的大小。MySQL 每秒都会将日志缓冲区的内容刷出，因此无须设置得非常大，通常设置为 8～16MB 即可，默认值是 1MB。

④innodb_flush_log_at_trx_commit。该参数用来配置事务提交时的日志刷出行为。MySQL 操作日志被写入磁盘前，有两块缓存，一块是定义在 MySQL 内存中的 log buffer（其大小由上一个参数 innodb_log_buffer_size 定义），另一个是操作系统级与磁盘对应的缓存，即 os cache。

- 当设置为 0 时，数据库将事务提交记录写入 log buffer；InnoDB 的主线程每秒会执行一次刷新操作，把 log buffer 中的日志写入 os cache，并强制 os cach 与磁盘同步。简

单来说，每秒“落盘”一次。在事务提交后到写入磁盘前的这段时间内，如果服务器宕机，则内存中保存的变更日志会丢失。

- 当设置为 1 时（该值也是此参数的默认值），每次事务提交都会立即触发日志从 log buffer 到 os cach 的刷新，并且强制 os cach 和磁盘同步，简单来说，事务日志会立即“落盘”。该设置能保证事务真正的持久性，但由于写磁盘是很慢的动作，当设置为 1 时，性能也是最差的。
- 当设置为 2 时，数据库将事务提交记录写入 log buffer；InnoDB 的主线程每秒会执行一次刷新，把 log buffer 中的日志写入 os cache，这与将 innodb_flush_log_at_trx_commit 设置为 0 有所不同，os cach 与磁盘同步周期是由操作系统决定的，简单来说，os cache 的落盘是由操作系统上配置的定时器来触发的。

4．MyISAM 存储引擎与优化

在 MySQL 5.5 版本之前，MyISAM 存储引擎一直都是 MySQL 的默认存储引擎。

（1）MyISAM 的主要特点如下。

①不支持事务。

②不支持外键，如果强加外键，不会提示错误，但外键不起作用。

③自己的缓冲池仅用于缓存索引，而数据的缓存则依赖操作系统缓存。

④默认的锁粒度为表级锁，因此并发性差，但加锁快，锁冲突较少，所以不容易发生死锁现象。

⑤支持全文索引（从 MySQL 5.6 版本开始），但这项功能的使用率极低。

⑥数据库所在的主机如果宕机，则 MyISAM 的数据文件容易损坏，且难以恢复。

⑦如果在首次建表并导入数据后不再进行修改操作，那么这样的表适合采用 MyISAM 压缩表。可以使用 myisampack 对 MyISAM 表进行压缩，压缩后的表不能进行修改，压缩表可以极大地减少磁盘空间的占用，因此也可以减少磁盘 I/O 操作，从而提升查询性能。压缩表也支持索引，但索引是只读的。

（2）MyISAM 存储引擎优化。

如果多数操作都是查询，可以优先考虑 MyISAM，即 MyISAM 存储引擎适合读多写少的场景。采用 MyISAM 作为存储引擎时，主要通过以下几个参数设置来优化。

①key_buffer_size 。该参数指定索引缓冲区的大小。此参数对 MyISAM 来说非常重要，它决定索引处理的速度，如果只使用 MyISAM 存储引擎，可以把该参数的值设置为可用内存的 30%～40%。

②query_cache_size。query cache 即查询缓存，缓存的是查询操作或预处理查询的结果集，当有新的查询语句或预处理查询请求时，先去查询缓存中判断是否存在可用的结果集，存在则直接从 query_cache 中获取结果，这被称为缓存命中。如果用户有大量的相同查询且很少修改表，那么打开查询缓存可以极大地提高查询速度。

注意：如果表中的数据经常变化，或者查询语句每次都不同，则查询缓存也许会引起性能下降而不是性能提升。其原因是表发生变化后，数据库会把与该表相关的缓存全部置为失效，这样新的查询只能从磁盘而不是从缓冲区中获得数据。

③query_cache_limit。该参数表示可被缓存的单条 Query 结果集的最大容量，默认是 1MB，超过此参数设置的 Query 结果集将不会被缓存。只有小于该参数的设定值的结果才会被缓存，以便保护查询缓存，防止一个极大的查询结果集将其他所有的查询结果覆盖。

④read_rnd_buffer_size。该参数用在排序查询后，用于对数据提取过程进行优化，如果使用了很多 ORDER BY 语句，则可以增大该变量的值，以改进性能。读者可自行研究该参数的具体原理。

⑤query_cache_min_res_unit。query_cache_size 参数指定的内存会被分为若干数据块，以供需要缓存数据时申请，query_cache_min_res_unit 则指定了数据块申请的最小值，默认是 4KB，一般可满足大部分场景。因为数据块的分配非常慢，所以该值不要设置得太小。

9.2 SQL 优化

在信息技术发展的早期，由于数据量小，不必过于重视 SQL 性能。但是随着互联网技术的发展及大数据技术的兴起，数据的量级迅速增加，系统的响应速度成为需要迫切解决的主要问题之一。对于海量数据，劣质 SQL 语句和优质 SQL 语句之间的速度差别可以达到上百倍。因此，程序员不能停留在只实现功能的水平，还要写出高质量的 SQL 语句，提高查询效率，提升系统性能。

1. SQL 优化原理

SQL 优化的核心是对索引的使用。我们在第 7 章已经介绍过索引的创建，接下来，我们将介绍 SQL 优化原理，以及使用索引时要注意的问题。

索引（index）是帮助 MySQL 高效获取数据的一种数据结构，MySQL 默认使用 B+树作为索引数据结构。B+树是应文件系统所需而产生的一种变形的 B 树，其特点是非叶子节点只保存索引，不保存实际数据，数据都被保存在叶子节点中，叶子节点中的数据从左到右呈现从小到大的趋势。

首先，了解 B+树中阶的概念，即非叶子结点所拥有的最大子节点数。下面以一个 3 阶的 B+树为例进行介绍，如图 9-1 所示。

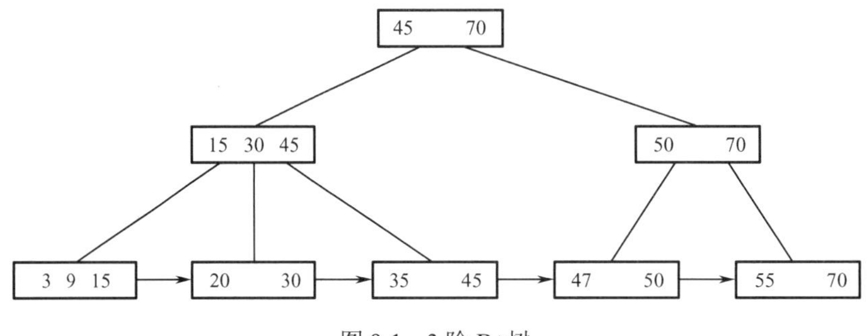

图 9-1　3 阶 B+树

一个 m 阶 B+树的结构定义如下。

①每个结点至多有 m 个子结点。

②每个结点（除根结点外）至少有 ceil(m/2)个子结点。

③根结点至少有两个子结点。

④有 k 个子结点的非叶子结点必然有 k 个最大（或最小）关键字。

本例中的（50，70）结点有两个子结点，因此，它包含两个关键字。

下面以一张员工信息表（Employee）为例进行介绍，如表 9-2 所示。

表 9-2　员工信息表（Employee）

EmpId	EmpName	EmpAge
1	老张	45
2	小李	22
3	小王	18
4	老刘	36
5	小明	50
6	老赵	41
7	小谢	26
8	Lucy	19

给 EmpAge 添加索引列，得到一个 3 阶 B+树，如图 9-2 所示。

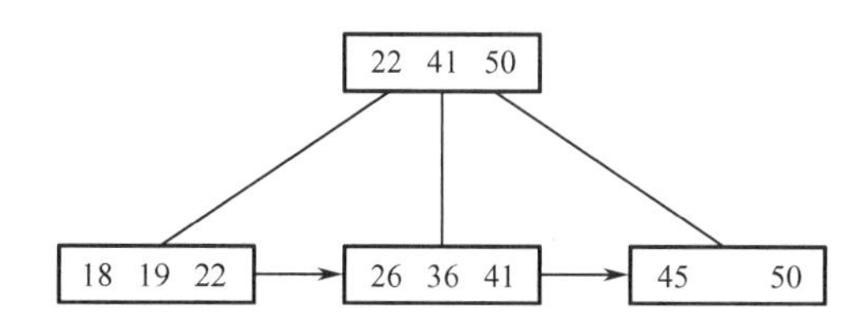

图 9-2　EmpAge 索引列的 B+树结构

接下来，简单演示该 3 阶 B+树的形成过程（初始状态为空结点）。

插入第一个数据，如图 9-3 所示。

插入第二个和第三个数据，如图 9-4 所示。

插入第四个数据，如图 9-5 所示。

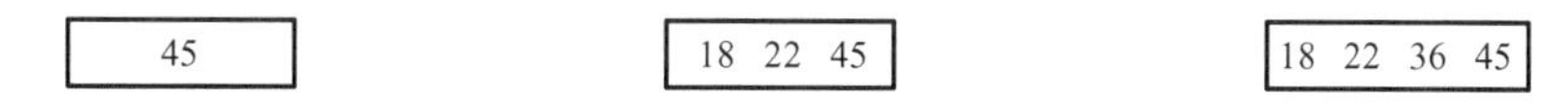

图 9-3　插入第一个数据　　图 9-4　插入前三个数据　　图 9-5　插入第四个数据

但是，此时超出 3 阶结点的要求，所以要对该结点进行分裂操作，即将该节点从中间拆分成两个结点，并且把两个结点的关键字存入父结点中，如图 9-6 所示。

插入第五个数据，如图 9-7 所示。

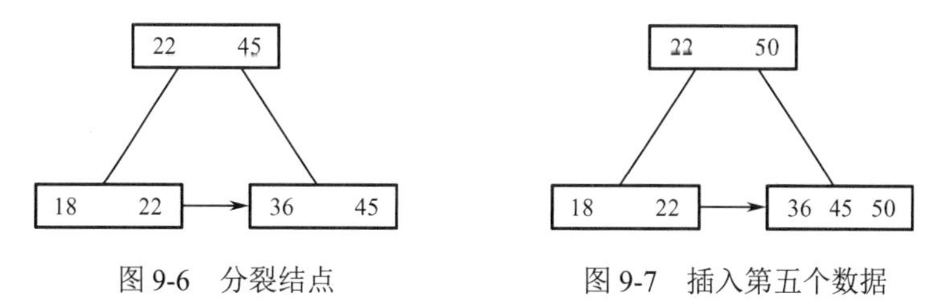

图 9-6　分裂结点　　图 9-7　插入第五个数据

此时，父结点保存的关键字也发生相应的变化。

插入第六个数据，如图 9-8 所示。

此时，对右子结点进行分裂，结果如图 9-9 所示。

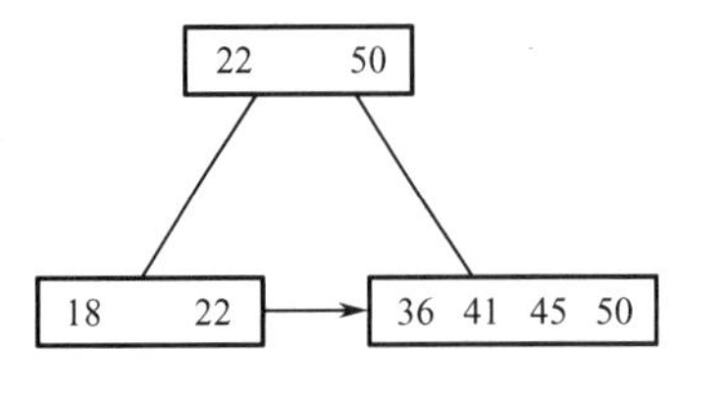

图 9-8 插入第六个数据

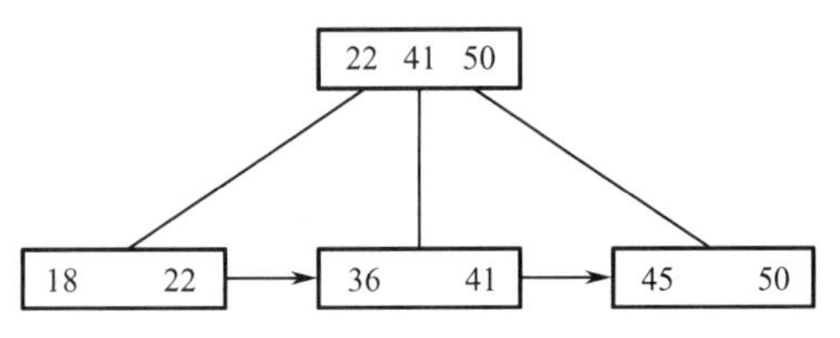

图 9-9 右子结点分裂后的结果

最后依次插入数据 26 和 19，得到如图 9-2 所示的结果。在分裂过程中，保存到父结点使用的是最大关键字，读者朋友们也可以尝试使用最小关键字来绘制该 B+树。

无论使用哪种关键字，对该树的深度不会有影响，并且数据都被存放在叶子结点中，所有的叶子结点都处在同一层，所以查询效率是相同的。

当我们在表中插入数据时，该树也会发生变化，例如，插入一个 age=40 的员工，结果如图 9-10 所示。

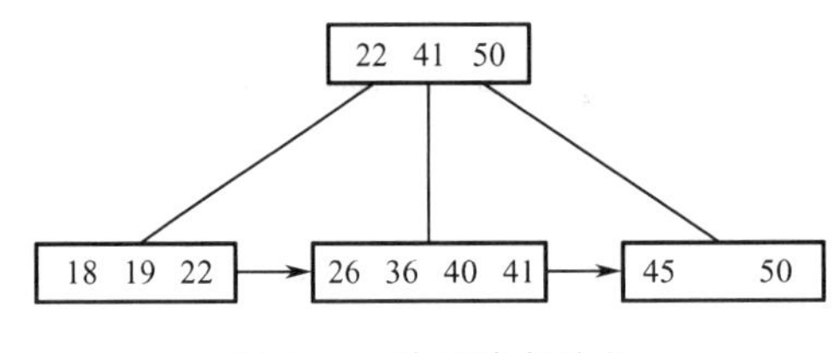

图 9-10 叶子结点溢出

把溢出的结点从中间拆分成两个结点，并且把关键字存入父节点，如图 9-11 所示。

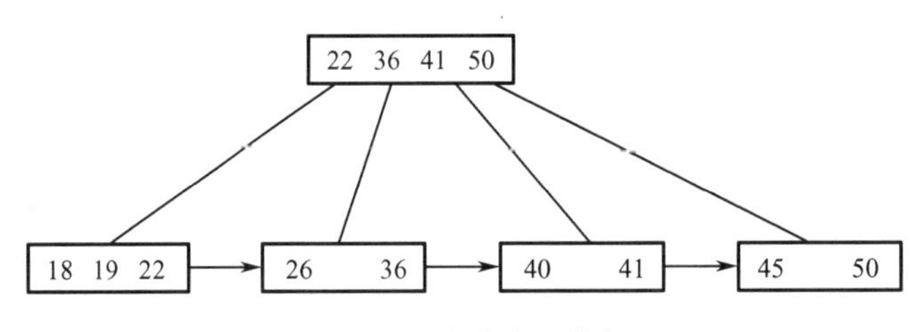

图 9-11 分裂叶子结点

如果父节点的关键字不大于阶数，则插入节点完成，超过阶数则继续进行分裂，得到的结果如图 9-12 所示。

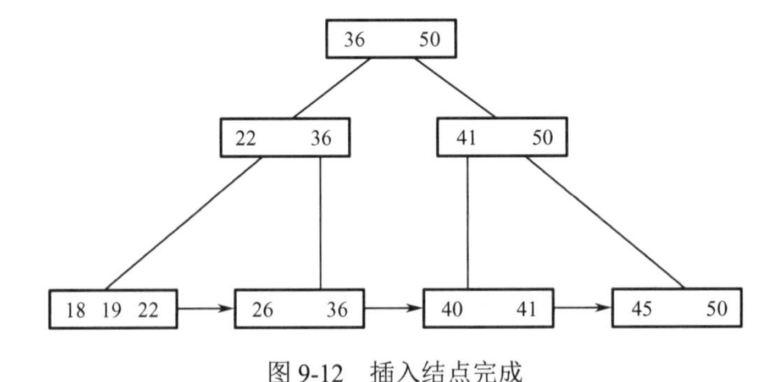

图 9-12 插入结点完成

现有如下 SQL 语句：

```
select * from Employee where EmpAge = 50;
```

以图 9-2 为例，分为添加和不添加索引两种情况分析。

①不添加索引，MySQL 会按顺序进行查找，当执行到第 5 次的时候找到所需要的数据。

②添加索引，MySQL 在 B+树中通过第一个结点判定 50 在右侧，进入第三个子结点，在第三个子结点中找到 50，总共执行了两次磁盘 IO。

请初学者注意，以上讲解内容仅用于说明及示意，实际上，50 这个值代表着一行数据（或其地址）。我们定位到了 50 即定位到了一行数据。

上述案例从示意的角度让大家感觉到了查询效率的提升，但这种提升并不明显，原因是数据量较小。当推广到大量甚至海量数据时，就能明显体验到索引的优势。总而言之，全表扫描的复杂度是 O(N)，B+树查找的复杂度是 O($\log_m N$)，其中 m 是阶数，N 是数据总量。假设 N 为 10^8，B+树进行查找的次数大约为 17 次，而全表扫描平均需要 10^8 次。

那是不是可以无限制地添加索引呢？其实，索引既有优点也有缺点，索引的优点如下。

①提高查询效率。

②能降低 CPU 的使用率，例如，我们使用 EmpAge 进行排序时，如果没有索引，MySQL 需要获取所有的 EmpAge，然后进行计算排序；而添加索引后，根据 B+树的特点，EmpAge 已经排好了顺序（左小右大）。

索引的缺点如下。

①索引本身需要占用内存空间，例如，给 EmpAge 添加索引，需要额外的空间存放 B 树。

②并不是所有情况都适合使用索引，比如少量数据、频繁更新的字段、很少适用的字段；再比如，我们把上述案例的年龄从 22 改为 42，那么 B 树也要改动，而且改动比较大，这些数据和字段就不适合使用索引。

③索引会降低增、删、改的效率；比如修改操作，在没有使用索引的时候，直接修改值即可；而使用了索引后，不但需要改值，还要修改对应的 B 树中的值，增加了额外的开销。

2．SQL 排查与分析

SQL 优化的本质是提升 SQL 语句的效率，避免劣质 SQL 语句的出现。什么是劣质的 SQL 语句呢？在 MySQL 中，优化器是数据库的一个核心子系统，它负责制定在当时环境下对该 SQL 语句最有效的执行路径和执行计划。优化器主要根据索引来提高性能。如果 SQL 语句编写的不合理，就会造成优化器放弃索引而使用全表扫描，这样的 SQL 语句，我们就称之为劣质 SQL 语句。

优化已有的 SQL 语句，通常要进行三个步骤。

（1）定位待优化的 SQL 语句。

（2）分析 SQL 语句的执行效率。

（3）给出相应的 SQL 优化方案。

找到待优化的 SQL 语句需要借助慢查询日志。慢查询日志用于记录执行时间超过设定时间的 SQL 语句，MySQL 默认关闭该日志。查看慢查询日志参数的代码如下：

```
mysql> show variables like '%query%';
```

输出结果：

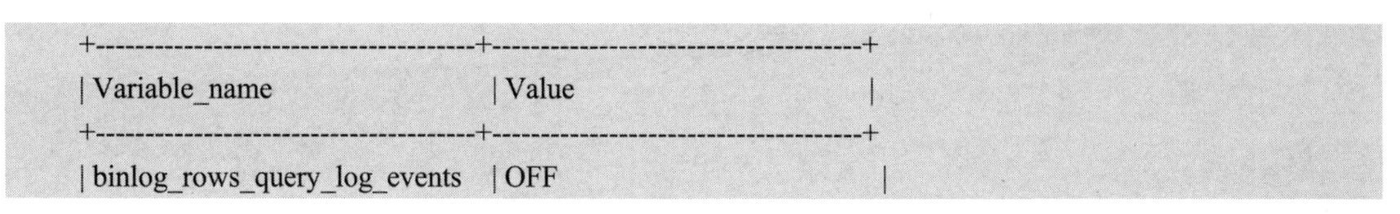

```
+---------------------------------------+--------------------------------------+
| Variable_name                         | Value                                |
+---------------------------------------+--------------------------------------+
| binlog_rows_query_log_events          | OFF                                  |
```

```
| ft_query_expansion_limit          | 20                             |
| have_query_cache                  | NO                             |
| long_query_time                   | 10.000000                      |
| query_alloc_block_size            | 8192                           |
| query_prealloc_size               | 8192                           |
| slow_query_log                    | OFF                            |
| slow_query_log_file               | /var/lib/mysql/master-slow.log |
+-----------------------------------+--------------------------------+
8 rows in set (0.05 sec)
```

各参数的含义如下。

- slow_query_log：慢查询日志开启状态。
- long_query_time：设置一个单位为秒的时间数值，查询时间超出这个值的 SQL 查询被界定为慢查询。
- slow_query_log_file：慢查询日志的存放路径。

可以通过“set global …”语句对慢查询的相关参数进行设置。设置慢查询日志为开启状态，代码如下：

```
mysql> set global slow_query_log = on;
```

设置慢查询日志的时间为 0.1 秒，代码如下：

```
mysql> set global long_query_time = 0.1;
```

退出 MySQL，重新连接后查看参数值，代码如下：

```
mysql> show variables like '%query%';
```

输出结果：

```
+-----------------------------------+--------------------------------+
| Variable_name                     | Value                          |
+-----------------------------------+--------------------------------+
| binlog_rows_query_log_events      | OFF                            |
| ft_query_expansion_limit          | 20                             |
| have_query_cache                  | NO                             |
| long_query_time                   | 0.100000                       |
| query_alloc_block_size            | 8192                           |
| query_prealloc_size               | 8192                           |
| slow_query_log                    | ON                             |
| slow_query_log_file               | /var/lib/mysql/master-slow.log |
+-----------------------------------+--------------------------------+
```

准备一张员工表（employee），并在该表中插入 300000 条记录（参考第 7 章中索引使用的案例），然后利用模糊查询，该 SQL 语句的执行时间将超过 0.1 秒，代码如下：

```
mysql> select * from employee where name like '%aaaa%';
```

输出结果：

```
Empty set (0.22 sec)
```

查看慢查询日志，能发现这条 SQL 语句被记录下来，代码如下：

```
[root@master /]# cat /var/lib/mysql/master-slow.log
……
# Query_time: 253.310604    Lock_time: 0.000210 Rows_sent: 0    Rows_examined: 0
use world;
SET timestamp=1602301928;
call auto_employee;
# Time: 2020-10-10T06:11:27.122538Z
# User@Host: root[root] @ localhost []    Id:      10
# Query_time: 0.213516    Lock_time: 0.000190 Rows_sent: 0    Rows_examined: 299999
SET timestamp=1602310286;
select * from employee where name like '%aaaa%';
```

使用 explain 命令分析 SQL 执行效率，代码如下：

```
mysql> explain select * from employee where name like '%aaaa%';
```

输出结果：

```
+----+-------------+-------+-----------+--------+----------------+-----+---------+-------+------+---------+--------------+
| id | select_type | table | partitions | type   | possible_keys | key | key_len | ref    | rows | filtered | Extra        |
+----+-------------+-------+-----------+--------+----------------+-----+---------+-------+------+---------+--------------+
|  1 | SIMPLE |employee| NULL    | ALL    | NULL          |NULL|NULL | NULL |299383| 11.11 | Using where|
+----+-------------+-------+-----------+--------+----------------+-----+---------+-------+------+---------+--------------+
1 row in set, 1 warning (0.00 sec)
```

各参数的含义如下。

①id：编号，表在该 SQL 语句中的执行顺序。

②select_type：查询类型。该参数的常用取值如下。

- SIMPLE：简单的 select 查询，查询中不包含子查询或者 UNION。
- PRIMARY：查询中若包含任何复杂的子部分，则最外层查询被标记。
- SUBQUERY：在 SELECT 或 WHERE 列表中包含了子查询。
- DERIVED：在 FROM 列表中包含的子查询被标记为 DERIVED（衍生），MySQL 会递归执行这些子查询，把结果放在临时表里。
- UNION：UNION 中的第二个或后面的 SELECT 语句。
- UNION RESULT：从 UNION 表中获取结果的 SELECT 语句。

③table：表。

④partitions：匹配的分区。

⑤type：表示 MySQL 在表中找到所需行的方式，常用的类型有 ALL、index、range、ref、eq_ref、const、system、NULL（按照性能由弱到强的顺序排列），一个好的 SQL 语句至少要达到 range 级别，杜绝出现 ALL 级别。

- ALL：Full Table Scan，MySQL 将遍历全表以找到匹配的行。
- index：Full Index Scan，index 与 ALL 的区别为 index 类型只遍历索引树。
- range：只检索给定范围的行，使用一个索引选择行。
- ref：表示上述表的连接匹配条件，即哪些列或常量被用于查找索引列上的值。

- eq_ref：类似 ref，区别在于使用的索引是唯一索引，对于每个索引键值，表中只有一条记录匹配，简单来说，就是在多表连接中使用 primary key 或 unique key 作为关联条件。
- const、system：如果将主键等值的查询置于 where 列表中，MySQL 就能将该查询转换为一个常量，system 是 const 类型的特例，当查询的表只有一行的情况下，使用 system。
- NULL：MySQL 在优化过程中分解语句，执行时甚至不用访问表或索引，例如，从一个索引列里选取最小值可以通过单独索引查找完成。

⑥possible_keys：查询时，可能使用的索引。

⑦key：实际使用到的索引名，没有使用索引则为 NULL。

⑧key_len：索引的字段长度。

⑨表之间的引用。

⑩rows：扫描行数，该值是一个预估值。

⑪filtered：返回结果的行占需要读到的行的百分比。

⑫ Extra：执行情况的描述和说明。

查看 employee 表的索引，代码如下：

```
mysql> show create table employee \G;
*************************** 1. row ***************************
       Table: employee
Create Table: CREATE TABLE `employee` (
  `id` int DEFAULT NULL,
  `name` varchar(20) DEFAULT NULL,
  `age` int DEFAULT NULL,
  KEY `ix_name` (`name`)
) ENGINE=InnoDB DEFAULT CHARSET=utf8mb4 COLLATE=utf8mb4_0900_ai_ci
1 row in set (0.00 sec)
```

发现 name 字段上有索引，但是通过 explain 命令查看 SQL 的执行效率时，并没有用到索引（前面执行 explain 命令时，key 字段为 NULL，表明未用到索引），其原因是以“%”开头的查询会导致索引失效，这是 SQL 引擎的一个特点。在这种情况下，一种基本的优化方案是去掉左边的“%”，虽然这会改变原 SQL 的本意，但笔者主要想对比性能上的差异。修改后的代码如下：

```
mysql> select * from employee where name like 'aaaa%';
```

输出结果：

```
Empty set (0.04 sec)
```

查询时间从 0.22 秒缩短为 0.04 秒。再次利用 explain 命令分析执行效率，代码如下：

```
mysql> explain select * from employee where name like 'aaaa%';
```

输出结果：

```
+----+-------------+-------+------------+-------+---------------+-----+---------+------+------+----------+--------------+
| id | select_type | table | partitions | type  | possible_keys | key | key_len | ref  | rows | filtered | Extra        |
```

```
+----+-------------+-------+----------+--------+---------------+-----+---------+-------+------+---------+--------------+
|  1 | SIMPLE |employee| NULL | range | ix_name|ix_name|83 | NULL |299383| 100.00 | Using index condition|
+----+-------------+-------+----------+--------+---------------+------+---------+-------+------+---------+--------------+
1 row in set, 1 warning (0.00 sec)
```

可以发现，type 的值由 ALL（MySQL 将遍历全表以找到匹配的行）变成了 range（只检索给定范围的行，使用一个索引选择行）；possible_keys 和 key 的值均从 NULL 变成了 ix_name，说明此时利用到了索引完成了查询。

3．其他注意事项

下面再列举几点注意事项。

（1）首先可考虑给频繁出现在 where 及 order by 子句后的列建立索引。

（2）应尽量避免在 where 子句中对字段进行 NULL 值判断，否则将导致引擎放弃使用索引而进行全表扫描，下面举例说明，代码如下：

```
select name from city where population is NULL;
```

可以设置默认值 0 来代替 NULL，确保 population 列没有 NULL 值，修改后的代码如下：

```
select name from city where population =0;
```

（3）应尽量避免在 where 子句中使用!=或<>操作符，否则搜索引擎将放弃使用索引而进行全表扫描。

（4）应尽量避免在 where 子句中使用 or 运算符，否则搜索引擎将放弃使用索引而进行全表扫描，下面举例说明，代码如下：

```
select name from city where population =1000 or population =2000;
```

可以修改为：

```
select name from city where population in(1000,2000);
```

（5）in 语句也要慎用，可用 exists 替换 in，下面举例说明，代码如下：

```
select name from city c where population in(select population from country);
```

可以修改为：

```
select name from city c where exists(select population from country where population=c.population);
```

（6）不建议用“%xxx%”的格式进行模糊查询，否则会导致搜索引擎放弃使用索引而进行全表扫描，下面举例说明，代码如下：

```
select name from t where countrycode like '%ab%';
```

（7）应尽量避免在 where 子句中对字段进行表达式或函数操作，否则会导致搜索引擎放弃使用索引而进行全表扫描，下面举例说明，代码如下：

```
select name from city where population / 10 =1000;
```

可以修改为：

```
select name from city where population =1000*10;
```

（8）对于连续的数值，能使用 between 就不要使用 in，如：

```
select name from city where id in(1,2,3,4);
```

可以修改为：

```
select name from city where id between 1 and 4;
```

（9）避免频繁地创建和删除临时表，以减少系统表资源的消耗。

（10）只含有数值信息的字段尽量不要设计为字符型，而应使用数字型字段，否则会降低查询和连接的性能，并且增加存储开销。其原因是引擎在处理查询和连接时会逐个比较字符串中每一个字符，而数字型则只需要比较一次。

（11）查询时避免使用“*”代表所有字段，应该用具体的字段列表代替“*”。

（12）如果操作的数据量比较大，要避免使用游标，因为游标的效率较差。

（13）运行时间久，长时间未提交的事务被称为大事务；应尽量避免大事务操作，因为在并行情况下，大事务会锁定太多的数据，造成大量的阻塞和锁超时；还会造成主从同步延迟和回滚时间长等问题。

9.3 本章小结

本章主要从存储引擎和 SQL 语句两个方面向大家介绍了数据库性能的优化方法和注意事项，主要包括以下内容。

（1）存储引擎又被称为表类型，是不同存储机制、索引技巧、锁定水平、不同功能和能力的总称。

（2）MySQL 中的存储引擎有 9 种，从 5.7 版本开始，默认的存储引擎是 InnoDB。

（3）每种存储引擎都有各自的特点，适用于各种情况，可通过表 9-1 了解各存储引擎的特点，灵活选择存储引擎。

（4）InnoDB 支持事务，而 MyISAM 不支持事务；InnoDB 支持外键，而 MyISAM 不支持外键；InnoDB 不支持全文索引，而 MyISAM 支持（从 MySQL 5.6 版本开始）全文索引；InnoDB 支持行级锁，而 MyISAM 支持表级锁；InnoDB 必须有唯一索引（如主键，如果用户没有指定主键，则会生成一个隐藏列 Row_id 来充当默认主键），而 MyISAM 可以没有唯一索引；InnoDB 在自己的缓冲池里缓存数据和索引，而 MyISAM 在自己的缓冲池里仅存放索引，数据则缓存在操作系统缓存中。

（5）SQL 优化可提高查询效率，提升系统的可用性和性能；SQL 语句的优化，一般有三个步骤。

①定位待优化的 SQL 语句。

②分析 SQL 语句的执行效率。

③给出相应的 SQL 优化方案。

（6）MySQL 默认使用 B+树作为索引数据结构，创建索引时，系统会开辟额外空间来存放索引。

（7）索引可以提升查询效率，降低 CPU 的使用率，但是要注意，并不是索引越多越好，少量数据、经常要修改的字段、不常使用的字段，不适合创建索引。

（8）要避免优化器放弃使用索引而进行全表扫描。

另外，通过本章的学习，读者可以学习以下扩展内容。

（1）另外 7 种存储引擎的特点和适用场景。

（2）其他性能优化方法。

9.4　本章练习

单选题

（1）下列描述正确的是（　　）。

A．存储引擎和索引引擎的作用是一样的

B．存储引擎可以任意创建

C．存储引擎又被称为表类型

D．存储引擎就是一张表

（2）从 MySQL 5.7 版本开始，默认的存储引擎是（　　）。

A．InnoDB　　B．MyISAM　　C．MEMORY　　D．ARCHIVE

（3）使用“show engines\G”语句查看存储引擎时，下列关于参数的解释中，错误的是（　　）。

A．参数“Engine”表示数据库存储引擎的名称

B．参数“Support”表示 MySQL 是否支持该类引擎

C．参数“Comment”表示数据库引擎的类型

D．参数“Transactions”表示该存储引擎是否支持事务处理

（4）以下哪一项不是 InnoDB 存储引擎的特点？（　　）

A．InnoDB 具有提交、回滚和崩溃恢复能力的事务安全（ACID 兼容）能力

B．InnoDB 是一种处理超大型数据的最优性能设计方式

C．InnoDB 存储引擎完全与 MySQL 服务器整合

D．InnoDB 存储引擎不支持外键约束

（5）以下哪一项是 MyISAM 存储引擎的特点？（　　）

A．MyISAM 具有提交、回滚和崩溃恢复能力的事务安全（ACID 兼容）能力

B．MyISAM 是一种处理超大型数据的最优性能设计方式

C．MyISAM 存储引擎完全与 MySQL 服务器整合

D．MyISAM 存储引擎不支持外键约束

（6）SQL 优化的目的是（　　）。

A．提高查询效率，提升系统的可用性和性能

B．使 SQL 语句变得更短小

C．书写出来方便、好看

D．可以反复使用

（7）下列哪一项不是优化 SQL 语句时需要关注的地方？（　　）

A．定位待优化的 SQL 语句　　B．分析 SQL 语句的执行效率

C．写出更简短的 SQL 语句　　D．给出 SQL 优化方案

（8）下列哪一项不是 SQL 语句优化的原则？（　　）

A．应尽量避免在 where 子句中对字段进行 NULL 值判断

B．应尽量避免查询结果出现过多的字段，应使用*来代替

C．应尽量避免在 where 子句中使用!=或<>操作符

D．应尽量避免在 where 子句中对字段进行表达式或函数操作

（9）下列关于使用索引的描述中，错误的是（　　）。

A．索引能提升查询效率

B．应该在每个字段上创建索引

C．索引是一种数据结构，需要开辟额外的空间来存放

D．MySQL 默认使用 B+树作为索引数据结构

第 10 章

NoSQL 数据库入门

本章简介

为丰富读者对数据库的认知，在本书的最后，特意为读者安排了第 10 章，来讲解非关系数据库（NoSQL）。在这里，笔者先从非关系数据库的特点和地位进行阐述，让读者了解非关系数据库的主要应用场景，以及它对互联网发展起到的作用。

我们主要学习四个常见的非关系数据库，分别是 MongoDB、Redis、HBase 和 Neo4J。通过演示安装部署和基本操作，引领读者进入 NoSQL 领域。

10.1 NoSQL 数据库的特点与地位

1. NoSQL 数据库的特点

由于数据量越来越大，计算和恢复速度越来越慢，关系型数据库迎来了发展瓶颈。NoSQL 的全称是 Not Only SQL，NoSQL 数据库可以突破关系型数据库的瓶颈，它具有如下特点。

（1）NoSQL 数据库不支持 SQL99/92 标准化语法。

（2）NoSQL 数据库没有一种通用语言（如 SQL），每种 NoSQL 数据库都有自己的语法。

（3）NoSQL 数据库易扩展，不少 NoSQL 数据库本身是针对分布式架构来设计的。数据及数据对象之间解除了强关系，在架构的层面上带来了可扩展的能力，即根据数据规模增减集群节点的能力。

（4）NoSQL 数据库性能高，它无须保证原子性、一致性等传统数据库事务特性，因此具有非常高的读写性能，尤其是在大数据场景下。

（5）NoSQL 数据库的数据结构比较灵活，区别于传统数据库用表结构来约束数据条目，NoSQL 数据库可以增减字段。

NoSQL 数据库也分为多种类型，每种类型都有其擅长的业务和场景，如表 10-1 所示。

表 10-1　NoSQL 特点对照表

类　型	部分代表	应用场景	数据模型	优　点	缺　点
键值（Key-Value）	Berkeley DB Redis MemcacheDB	内容缓存，主要用于处理大量数据的高访问负载等	Key 指向 Value 的键值对，通常用 Hash Table 实现	查找速度快	数据无结构，通常只被当作字符串或二进制数据

续表

类 型	部分代表	应用场景	数据模型	优 点	缺 点
列存储数据库	HBase Cassandra Hypertable	分布式文件系统	列簇式存储，将同一列数据放在一起	查找速度快，可扩展性强，更容易进行分布式扩展	功能相对局限
文档型数据库	MongoDB CouchDB	大数据量存储，Web 应用	Key-Value 对应的键值对，Value 为结构化数据	数据结构要求不严格，表结构可变	查询性能不高，而且缺乏统一的查询语法
图形数据库	Neo4J FlockDB	社交网络，推荐系统等。专注构建关系图谱	图结构	利用图结构的相关算法，如最短路径寻址、N 度关系查找等	很多时候需要对整个图进行计算才能得出需要的信息，而且这种结构不太好做分布式的集群方案

2．NoSQL 的地位

关系型数据库发展至今，已经证明了它的价值，多年来没有能撼动其地位者。大数据时代已经来临，数据已经渗透到各行各业，人们越来越多地意识到数据的重要性。有用才被记录的时代已经终结，你的一举一动、一眸一笑、一言一行都会被记录，当汇集了千千万万个“你”的数据后，你会发现自己的生活方式、工作节奏已经被数据悄悄改变，变得越来越依赖数据，变得越来越离不开数据。

这些改变需要大数据的支撑，需要高效的数据服务支持，关系型数据库此时显得越来越笨拙，无法满足人们对高质量数据服务的要求。而 NoSQL 数据库抓住了这一机遇，它凭借易扩展、数据模型灵活、性能强大、高可用性等特点快速发展，其地位越来越重要。

10.2 常见 NoSQL 数据库

1．MongoDB

（1）MongoDB 数据库概述。

我们先来了解几个概念：什么是面向文档、面向文档型数据库，以及什么是 BSON。

传统的关系型数据库，其数据存储是基于表中的行（列）保存的。面对复杂的数据结构，关系型数据库往往要对数据进行拆分，然后再通过查询重构这一复杂数据。而面向文档意味着操作对象是整个文档。面向文档的数据库主要用于存储、检索和管理文档的信息，是 NoSQL 数据库的一个主要类别。

什么是 BSON 呢？BSON 是一种类似 JSON 的二进制存储格式，是 Binary JSON 的简称，它和 JSON 一样，支持内嵌的文档对象和数组对象；BSON 可以作为网络数据交换的一种形式，它具有三个特点：轻量性、可遍历性、高效性。

MongoDB 数据库是一种基于分布式文件存储的数据库，是一种介于关系型数据库和非关系型数据库之间的产品，是非关系型数据库当中功能最丰富，最像关系型数据库的一种数据库；它支持的数据结构非常松散，可以存储比较复杂的数据类型。

下面，我们来了解 MongoDB 数据库的基本概念。

①field：数据字段，也被称为域，相当于关系型数据库中的 column，可以给每个数据字段赋值。

②document：文档，相当于关系型数据库中的 row，一个文档有多个数据字段。

③collection：集合，相当于关系型数据库中的 table，一个集合有多个文档。

④database：数据库，和关系型数据中的数据库含义一样，数据库中可以有多个集合。

数据库的逻辑关系：数据字段→文档→集合→数据库。

MongoDB 可以建立多个数据库，其默认的数据库为"db"，该数据库存储在 data 目录中，下面通过对比来加深读者对上述概念的了解。

关系型数据库中的 student 表，结构如表 10-2 所示。

表 10-2　student 表结构

name	age	phone
李白	30	13412345678

在 MongoDB 数据库中，对应的文档格式如下：

```
student
{
        _id:ObjectId("5099803df3f4948bd2f98391")
        "name":"李白",
        "age":30,
        "phone": 13412345678
}
```

_id：默认主键，在没有创建同名数据字段的时候，自动生成的一个唯一主键，其值是由时间戳为基础生成的，从而确保唯一性。

（2）MongoDB 数据库的特点。

MongoDB 数据库的特点是高性能、易部署、易使用，存储数据非常方便；它支持的查询语言非常强大，语法类似面向对象的查询语言，几乎可以实现类似关系数据库单表查询的绝大部分功能，而且支持对数据建立索引。

（3）MongoDB 数据库的安装部署。

本书以 MongoDB 4.0.18 为例，介绍 MongoDB 数据库在 CentOS 7 环境下的搭建步骤。

①到 MongoDB 官网下载安装包，笔者选择的版本是 4.0.18（previous release），这是目前比较稳定的版本，操作系统选择 CentOS 7。

②使用 WinSCP（WinSCP 是一款 Windows 环境下的用于实现在本地计算机与远程计算机之间安全地复制文件的图形化客户端软件，WinSCP 也可以链接到 Linux 等其他操作系统）将下载好的安装包上传到 CentOS 7 系统的/soft 目录中，代码如下：

```
[root@master soft]# ll
-rw-r--r--. 1 root root    85395506 Apr 30    2020 mongodb-linux-x86_64-4.0.18.tgz
……
```

③使用"tar -zxvf mongodb-linux-x86_64-4.0.18.tgz"命令解压安装包，代码如下：

```
[root@master soft]# tar -zxvf mongodb-linux-x86_64-4.0.18.tgz
```

```
[root@master soft]# ll
drwxr-xr-x. 3 root root           135 Dec 30 09:22 mongodb-linux-x86_64-4.0.18
……
```

④使用“mv mongodb-linux-x86_64-4.0.18 /usr/local/mongodb”命令修改安装路径，安装路径可以随意设置，笔者设置的是“/usr/local/mongodb”，代码如下：

```
[root@master soft]# mv mongodb-linux-x86_64-4.0.18 /usr/local/mongodb
[root@master soft]# cd /usr/local/
[root@master soft]# ll
……
drwxr-xr-x. 3 root root 135 Dec 30 09:22 mongodb
……
```

⑤在 mongodb 目录中使用“mkdir –p /usr/local/mongodb/db”命令创建 db 文件夹，该文件夹是用来存放数据文件的，代码如下：

```
[root@master local]# mkdir -p /usr/local/mongodb/db
[root@master mongodb]# ll
drwxr-xr-x. 2 root root 6 Dec 30 14:46 db
……
```

⑥使用“vi /etc/profile”命令，配置环境变量。

ⅰ）在 profile 文件中添加如下代码：

```
export PATH=$PATH:/usr/local/mongodb/bin
```

/usr/local/mongodb 是 MongoDB 的安装路径。

ⅱ）使用“source /etc/profile”命令刷新 profile 文件，使修改生效，代码如下：

```
[root@master data]# source /etc/profile
```

⑦在 mongodb 目录中使用“touch mongodb.conf”命令创建 mongodb.conf 配置文件，并在该文件中添加如下内容：

```
port=27017                                 #端口
dbpath= /usr/local/mongodb/db              #数据库文件存放目录
logpath= /usr/local/mongodb/mongodb.log    #日志文件存放目录
logappend=true                             #追加的方式写日志
fork=true                                  #在后台运行
bind_ip = 0.0.0.0                          #外部访问设置
journal=true                               #每次写入会记录一条操作日志
```

⑧在 mongodb 的 bin 目录中执行“./mongod --config /usr/local/mongodb/mongodb.conf”命令，以启动服务，代码如下：

```
[root@master bin]# ./mongod --config /usr/local/mongodb/mongodb.conf
about to fork child process, waiting until server is ready for connections.
forked process: 3402
child process started successfully, parent exiting
```

MongoDB 服务器启动成功。

⑨同样在 bin 目录中使用“./mongo”命令进入 MongoDB 命令行环境，代码如下：

```
[root@master bin]# ./mongo
MongoDB shell version v4.0.18
connecting to: mongodb://127.0.0.1:27017/?gssapiServiceName=mongodb
Implicit session: session { "id" : UUID("3bb3002c-e076-4ec6-8083-1a2d36e90da3") }
MongoDB server version: 4.0.18
Welcome to the MongoDB shell.
……
2020-12-30T23:07:32.049+0800 I CONTROL  [initandlisten]
>
```

接下来，就可以对 MongoDB 数据库进行操作了。

（4）MongoDB 数据库的基本操作。

①show dbs：显示当前的所有数据库。代码如下：

```
> show dbs;
admin    0.000GB
config   0.000GB
local    0.000GB
```

②use 数据库名：如果数据库名存在，则使用该数据库，反之则创建该数据库；笔者创建了一个名为“demo”的数据库。代码如下：

```
> use demo;
switched to db demo
> show dbs;
admin    0.000GB
config   0.000GB
local    0.000GB
```

注意：再次查看数据库的时候，创建的 demo 数据库并没有显示在列表中，如果要显示它，则需要向 demo 数据库中插入一些数据；即在插入了第一条数据后才能将数据库显示出来。

③向 MongoDB 数据库中插入数据的语法如下：

```
db.数据库名.insert({"参数":"值"});
```

向 demo 数据库中插入一条数据，代码如下：

```
> db.demo.insert({"name":"mongodb"});
WriteResult({ "nInserted" : 1 })
> show dbs;
admin    0.000GB
config   0.000GB
demo     0.000GB
local    0.000GB
```

可以看到，成功插入第一条数据后，再次列出数据库时，demo 数据库已经显示在列表中了。

④在 MongoDB 数据库中查询数据的语法如下：

```
db.数据库名.find();
```

显示 demo 数据库中的所有数据，代码如下：

```
> db.demo.find();
{ "_id" : ObjectId("5fec9a6783f0e58948c1e966"), "name" : "mongodb" }
```

⑤在 MongoDB 数据库中修改数据的语法如下：

```
db.数据库.update({"参数":"参数原始值"},{$set:{"参数":"修改值"}});
```

将 name 原始值“mongodb”修改为“mongo”，并查看结果，代码如下：

```
> db.demo.update({"name":"mongodb"},{$set:{"name":"mongo"}});
WriteResult({ "nMatched" : 1, "nUpserted" : 0, "nModified" : 1 })
> db.demo.find();
{ "_id" : ObjectId("5fec9a6783f0e58948c1e966"), "name" : "mongo" }
```

⑥在 MongoDB 数据库中删除数据的语法如下：

```
db.数据库.remove({"参数":"参数值"});
```

删除刚才插入的数据，并查看删除结果，代码如下：

```
> db.demo.remove({"name":"mongo"});
WriteResult({ "nRemoved" : 1 })
> db.demo.find();
```

数据删除成功，此时的 demo 数据库中已经没有数据了。

以上就是 MongoDB 数据库的环境搭建和基本操作。

2. Redis

（1）Redis 数据库概述。

Redis（Remote Dictionary Server），即远程字典服务，是一个完全开源的，高性能的 key-value 数据库，提供多种语言 API。下面是 Redis 的相关概念。

①数据字典：Redis 是一个字典结构的数据库，其中的 key-value 表示键值对，都是存放在数据字典中的，Redis 默认支持 16 个数据字典（可以通过配置文件来支持更多数据字典）。

②每个数据字典可以理解为关系型数据库中的数据库，默认从 0 开始给字典编号，可以通过 select 命令更换字典（数据库），如 select 1。

（2）Redis 数据库的特点如下。

①Redis 数据是存在内存中的，因此读写速度非常快，被广泛应用于缓存。

②Redis 也支持数据的持久化，可以将内存中的数据保存在磁盘中。

③丰富的数据类型，包括 string、list，set，zset，hash 等数据类型。

（3）Redis 数据库的安装部署。

接下来进行 Redis 数据库的安装部署。以 Redis 5.0.8 为例，介绍 Redis 数据库在 CentOS 7 环境下的搭建步骤。

①到 Redis 官网下载数据库，进入首页，单击“Download”菜单按钮进入下载页面，在“Other versions”区域中找到“download 5.0.8”下载链接，单击即可。

②因为安装 Redis 需要 C 语言的编译环境，所以使用“yum install gcc-c++”命令在线安装 C 语言环境，代码如下：

```
[root@master bin]# yum install gcc-c++
……
Installed:
  gcc-c++.x86_64 0:4.8.5-44.el7
……
Complete!
```

③使用 WinSCP 将下载好的安装包上传到 CentOS 7 中，代码如下：

```
[root@master soft]# ll
-rw-r--r--. 1 root root     1985757 Apr 28   2020 redis-5.0.8.tar.gz
……
```

④使用“tar -zxvf redis-5.0.8.tar.gz”命令解压安装包，代码如下：

```
[root@master soft]# tar -zxvf redis-5.0.8.tar.gz
[root@master soft]# ll
drwxrwxr-x. 6 root root          4096 Mar 12   2020 redis-5.0.8
……
```

⑤进入 Redis 目录，使用“make MALLOC=libc”命令编译 Redis，代码如下：

```
[root@master soft]# cd redis-5.0.8
[root@master redis-5.0.8]# make MALLOC=libc
cd src && make all
make[1]: Entering directory `/soft/redis-5.0.8/src'
    CC Makefile.dep
……
Hint: It's a good idea to run 'make test' ;)
make[1]: Leaving directory `/soft/redis-5.0.8/src'
```

⑥使用“make install PREFIX=/usr/local/redis”命令，安装 Redis 到指定目录，笔者设置的路径是“/usr/local/redis”，代码如下：

```
[root@master redis-5.0.8]# make install PREFIX=/usr/local/redis
cd src && make install
make[1]: Entering directory `/soft/redis-5.0.8/src'
    CC Makefile.dep
……
make[1]: Leaving directory `/soft/redis-5.0.8/src'
```

⑦把解压后的 redis-5.0.8 下的 redis-conf 移动到安装目录中的 bin 文件夹中，同时把 redis-conf 文件中的 daemonize 的值改为“yes”，使 Redis 数据库启动后在后台运行。

⑧在 bin 文件夹中使用“./redis-server redis.conf”命令启动 Redis 数据库，代码如下：

```
[root@master bin]# ./redis-server redis.conf
6201:C 31 Dec 2020 01:24:53.438 # oO0OoO0OoO0Oo Redis is starting oO0OoO0OoO0Oo
6201:C 31 Dec 2020 01:24:53.438 # Redis version=5.0.8, bits=64, commit=00000000, modified=0, pid=6201,
```

```
just started
    6201:C 31 Dec 2020 01:24:53.438 # Configuration loaded
```

⑨使用“./redis-cli”命令进入 Redis 数据库客户端，代码如下：

```
[root@master bin]# ./redis-cli
127.0.0.1:6379>
```

至此，Redis 数据库配置完成。

（4）Redis 数据库的基本操作。

①增加和修改均使用“set key value”命令，表示给 key 设置 value 值。

在“redis”中添加信息，语法如下：

```
127.0.0.1:6379> set name "redis"
OK
```

②查看信息使用“get key”命令，获取 key 的 value 值。

查看 name 的值，语法如下：

```
127.0.0.1:6379> get name
"redis"
```

③修改“redis”为“REDIS”，其语法和添加信息的语法一样，语法如下：

```
127.0.0.1:6379> set name "REDIS"
OK
```

④删除信息使用“del key”命令，删除 key 对应的 value 值。

删除值“REDIS”，语法如下：

```
127.0.0.1:6379> del name
(integer) 1
```

⑤查看所有的 key，使用“keys *”命令，代码如下：

```
127.0.0.1:6379> keys *
1) "userName"
2) "password"
```

如果一个 key 也没有，则显示结果为 nil，即空。

接下来，针对 Redis 支持的 string、list，set，zset，hash 等数据类型进行实例演示。

⑥string 是 Redis 最基本的数据类型，使用“set”命令为键设置值，使用“get”命令获取键对应的值，代码如下：

```
127.0.0.1:6379> set name1 "redis"
OK
127.0.0.1:6379> get name1
"redis"
```

以上实例中的键为“name1”，该键对应的值为 redis。

⑦Redis 中的“list”是简单的字符串列表，按照插入顺序排序，使用“lpush”命令添加数据，使用“lrange”命令获取列表中指定范围的数据，代码如下：

```
127.0.0.1:6379> lpush name2 MongoDB
(integer) 1
127.0.0.1:6379> lpush name2 Redis
(integer) 2
127.0.0.1:6379> lpush name2 HBase
(integer) 3
127.0.0.1:6379> lpush name2 Neo4j
(integer) 4
127.0.0.1:6379> lrange name2 0 4
1) "Neo4j"
2) "HBase"
3) "Redis"
4) "MongoDB"
```

以上实例中的列表为“name2”，该列表有 4 个字符串。

⑧Redis 中的“set”是 string 类型的无序集合，使用“sadd”命令添加一个 string 类型的数据到 key 对应的 set 集合中，如果添加成功，则返回 1，如果数据已经在集合中，则返回 0；使用“smembers”命令查看 set 集合中的数据，set 集合内的数据具有唯一性，即多次添加相同数据时，后面添加的数据会被忽略，代码如下：

```
127.0.0.1:6379> sadd name3 MongoDB
(integer) 1
127.0.0.1:6379> sadd name3 Redis
(integer) 1
127.0.0.1:6379> sadd name3 HBase
(integer) 1
127.0.0.1:6379> sadd name3 Neo4j
(integer) 1
127.0.0.1:6379> sadd name3 Neo4j
(integer) 0
127.0.0.1:6379> smember name3
1) "MongoDB"
2) "Redis "
3) "Neo4j"
4) "HBase"
```

以上实例中的“Neo4j”被添加了两次，但第二次返回为 0，即该数据已经存在，第二次插入被忽略。

⑨Redis 中的“zset”表示有序集合（sorted set），和 set 一样，zset 也是 string 类型的集合，且不允许重复的成员；和 set 不同的是，zset 会给每个数据关联一个 double 类型的分数，Redis 正是通过分数来为集合中的数据进行从小到大排序的，有序集合的成员是唯一的，但分数可以是重复的，代码如下：

```
127.0.0.1:6379> zadd name4 1 MongoDB
(integer) 1
127.0.0.1:6379> zadd name4 2 Redis
(integer) 1
```

```
127.0.0.1:6379> zadd name4 3 HBase
(integer) 1
127.0.0.1:6379> zadd name4 4 Neo4j
(integer) 1
127.0.0.1:6379> zadd name4 5 Neo4j
(integer) 0
127.0.0.1:6379> zrange name4 0 5 withscores
1) "MongoDB"
2) "1"
3) "Redis"
4) "2"
5) "HBase"
6) "3"
7) "Neo4j"
8) "5"
```

在以上实例中，使用“zadd”命令在添加数据的同时关联了分数。

⑩Redis 中“hash”是 string 类型的 field（字段）和 value（值）的映射表，使用“hmset”命令设置字段和值的映射关系，使用“hget”命令获取字段对应的值，代码如下：

```
127.0.0.1:6379> hmset name5 field1 "hello" field2 "redis"
OK
127.0.0.1:6379> hget name5 field1
"hello"
127.0.0.1:6379> hget name5 field2
"redis"
```

其中，“field1”和“field2”的名称可以随意定义，同时也可以使用“hget name5”命令获取所有字段的值，代码如下：

```
127.0.0.1:6379> hmset name5 field1 "hello" field2 "redis"
OK
127.0.0.1:6379> hget name5
1) "field1"
2) "hello"
3) "field2"
4) "redis"
```

Redis 数据库的环境搭建及基本操作就介绍到这里。

3．HBase

（1）Hbase 数据库概述。

HBase 是一个可靠性高、性能好、可以进行列存储、可以伸缩、可以实时读写的分布式数据库系统，是 Hadoop 生态系统的重要组成部分之一。HBase 是 Google 公司研发的 BigTable 架构的开源实现，使用 Java 语言编写。

HBase 利用 MapReduce 来处理海量数据，实现高性能的计算；使用 ZooKeeper 作为协同服务，实现稳定服务和失败恢复；使用 HDFS 作为高可靠的底层存储，利用廉价集群提供海量数据存储能力。与 Hadoop 一样，HBase 主要依靠横向扩展，通过不断增加廉价的商用服务器，来增加计算和存储能力。

HBase 的目标是使用普通的硬件配置，就能够处理成千上万的大型数据。

（2）Hbase 数据库的特点。

①它介于 NoSQL 和 RDBMS 之间，仅能通过行键（Row key）和行键的范围（Range）来检索数据。

②HBase 的查询数据功能很简单，不支持 join 等复杂操作。

③不支持复杂的事务，只支持行级事务（可通过 Hive 来实现多表 join 等复杂操作）。

④HBase 支持的数据类型：byte[]（底层所有数据都是字节数组）。

⑤主要用来存储结构化和半结构化的松散数据。

结构化：数据结构字段含义确定、清晰，如数据库中的表结构。

半结构化：具有一定结构，但语义不够确定，如 HTML 网页。

非结构化：杂乱无章的数据，很难按照一个概念进行抽取，无规律性。

（3）Hbase 数据库的安装部署。

①下载 HBase。

到 HBase 官网下载 hbase-1.4.13-bin.tar.gz，然后将其上传到 3 个节点的/soft 目录中，这里以 master 节点为例进行配置，另外 2 个节点的操作与 master 节点的操作一样。代码如下：

```
[hadoop@master soft]$ ll
-rw-rw-r--   1 hadoop hadoop 118343766 7 月   29 18:47 hbase-1.4.13-bin.tar.gz
……
```

②解压修改配置文件。

先解压，代码如下：

```
[hadoop@master soft]$ tar -zxvf hbase-1.4.13-bin.tar.gz
[hadoop@master soft]$ ll
drwxrwxr-x   7 hadoop hadoop          160 7 月   29 19:11 hbase-1.4.13
……
```

进入 hbase-1.4.13 目录中的 conf 目录，代码如下：

```
[hadoop@master soft]$ cd hbase-1.4.13/conf
```

修改 hbase-env.sh，代码如下：

```
[hadoop@master conf]$ vi hbase-env.sh
export JAVA_HOME=/usr/local/jdk1.8.0_73
export HBASE_MANAGES_ZK=false
```

这里主要修改 2 个地方，第 1 个是 JDK 路径，第 2 个是 HBASE_MANAGES_ZK=false，false 表示使用独立安装的 Zookeeper，如果要使用 HBase 自带的 ZooKeeper 集群的话，就设置为 true。这里使用自己安装的 ZooKeeper 集群。

ZooKeeper 是一个分布式的，开放源码的分布式应用程序协调系统，它是 Hadoop 和 Hbase 的重要组件，属于 Hadoop 的正式子项目，ZooKeeper 提供的功能包括配置维护、名字服务、分布式同步、组服务等。

修改 hbase-site.xml，代码如下：

```
[hadoop@master conf]$ vi hbase-site.xml
<configuration>
    <property>
        <!-- 指定 hbase 在 HDFS 上存储的路径，注意配置分布式 Hbase 版本前，需要先配置好 hadoop -->
        <name>hbase.rootdir</name>
        <value>hdfs://192.168.128.131:9000/hbase</value>
    </property>
    <property>
        <!-- 指定 hbase 是分布式的 -->
        <name>hbase.cluster.distributed</name>
        <value>true</value>
    </property>
    <property>
        <!-- 指定 zk 的地址，多个用“,”分割 -->
        <name>hbase.zookeeper.quorum</name>
        <value>192.168.128.131:2181,192.168.128.132:2181,192.168.128.133:2181</value>
    </property>
</configuration>
```

修改 regionservers 文件，代码如下：

```
[hadoop@master conf]$ vi regionservers
192.168.128.131
192.168.128.132
192.168.128.133
```

这里设置作为 HBase 从节点的节点，即 HRegionServer 所在的节点，一行一个节点。

把 Hadoop 配置文件中的 hdfs-site.xml 和 core-site.xml 复制到/soft/hbase-1.4.13/conf 目录中，代码如下：

```
[hadoop@master conf]$ cp /soft/hadoop-2.9.2/etc/hadoop/hdfs-site.xml /soft/hbase-1.4.13/conf/
[hadoop@master conf]$ cp /soft/hadoop-2.9.2/etc/hadoop/core-site.xml /soft/hbase-1.4.13/conf/
```

注意：在 slave1 和 slave2 上进行相同的操作，或者使用“scp”命令直接把 hbase-1.4.13 目录复制到两个节点的/soft 目录中。代码如下：

```
[hadoop@master soft]$ scp -r hbase-1.4.13 hadoop@192.168.128.132:/soft/
[hadoop@master soft]$ scp -r hbase-1.4.13 hadoop@192.168.128.133:/soft/
```

③同步时间。

HBase 集群对于时间的同步要求比 HDFS 严格，因此，集群启动之前，必须进行时间同步，要求相差的时间不能超过 30s。

先查看系统时间，代码如下：

```
[hadoop@master soft]$ date
2020 年 07 月 29 日星期三 19:58:59 CST
[hadoop@slave1 soft]$ date
2020 年 07 月 29 日星期三 19:58:58 CST
```

```
[hadoop@slave2 soft]$ date
2020年 07月 29日星期三 19:58:58 CST
```

相差仅 1s，无须同步。

如果相差的时间超过 30s，就需要统一设置系统时间了。

④配置环境变量，代码如下：

```
[hadoop@master soft]$ sudo vi /etc/profile
export HBASE_HOME=/soft/hbase-1.4.13
export PATH=$HBASE_HOME/bin:$PATH
[hadoop@master soft]$ source /etc/profile
```

注意：在 slave1 和 slave2 上进行相同的操作。

⑤启动 HBase。

启动 HBase 前，应确保 Hadoop 和 ZooKeeper 已经启动。

启动 HBase，代码如下：

```
[hadoop@master soft]$ start-hbase.sh
```

在哪个节点上执行此命令，则该节点就是主节点。

查看进程，代码如下：

```
[hadoop@master soft]$ jps
3520 HRegionServer
2449 QuorumPeerMain
2999 ResourceManager
2842 SecondaryNameNode
2637 NameNode
3421 HMaster

[hadoop@slave1 soft]$ jps
2465 DataNode
2775 HRegionServer
2360 QuorumPeerMain
2537 NodeManager

[hadoop@slave2 soft]$ jps
2416 DataNode
2769 HRegionServer
2322 QuorumPeerMain
2488 NodeManager
```

可以看到在 master 节点上有 HMaster 和 HRegionServer 两个进程，slave1 和 slave2 上有 HRegionServer 进程。另外，还可以打开浏览器，输入主节点的 WEB UI 地址：http://192.168.128.131:16010（见图 10-1），输入从节点的 WEB UI 地址：http://192.168.128.131:16030（见图 10-2）、http://192.168.128.132:16030（图略，可参考图 10-2）、http://192.168.128.133:16030（图略，可参考图 10-2），如果这些地址都能够顺利打开，则表示全分布式的 HBase 集群部署成功。

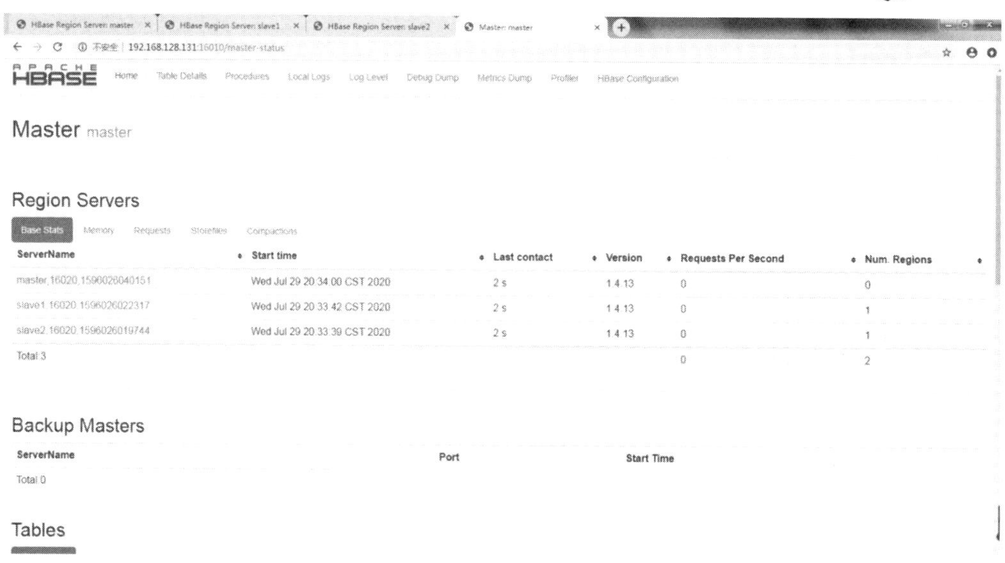

图 10-1　HBase 集群主节点 master Web UI 运行效果

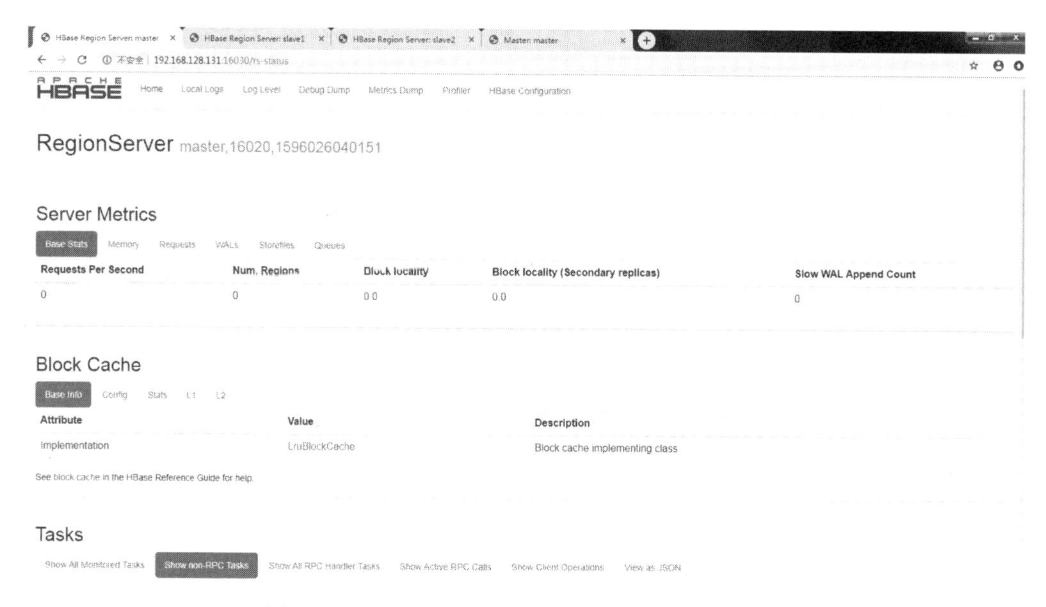

图 10-2　HBase 集群从节点 master Web UI 运行效果

如果节点有相应的进程没有启动，那么可以手动启动进程。

启动 HMaster 进程，代码如下：

```
[hadoop@master soft]$ hbase-daemon.sh start master
```

启动 HRegionServer 进程，代码如下：

```
[hadoop@master soft]$ hbase-daemon.sh start regionserver
```

⑥关闭 HBase，代码如下：

```
[hadoop@master soft]$ stop-hbase.sh
```

```
stopping hbase.............................................
```

（4）Hbase 数据库的基本操作。

HBase 集群启动后，就可以进入 shell 客户端，进行相关操作，代码如下：

```
[hadoop@master soft]$ hbase shell
hbase (main) : 001:0 >status
1 active master, 0 backup masters, 3 servers, 0 dead, 0.6667 average load
```

①表的操作。

ⅰ）创建表，使用“create”命令。创建表时，需要先指定表名，然后指定至少一个列族名，表名和列族名都要用单引号括起来，用逗号分隔，不能指定列名。

举例：

```
hbase (main) : 002:0 >create 't1','f1'
```

上述代码创建了一张表 t1，它有 1 个列族，名字是 f1。

举例：

```
hbase (main) : 003:0 >create 't2','f1','f2','f3'
```

上述代码创建了一张表 t2，它有 3 个列族，名字分别是 f1，f2，f3。

举例：

```
hbase (main) : 004:0 >create 't3',{NAME=>'f1',VERSIONS=>5},{NAME=>'f2',VERSIONS=>2}
```

上述代码创建了一张表 t3，它有 2 个列族，分别是 f1，f2。f1 列族保存了 5 个版本，即该列族下的每个列最多可以同时保存 5 个值，按照时间倒序排列，取值时默认取最近的一个值，如果不设置版本数，默认保存 1 个版本。f2 列族保存 2 个版本。

ⅱ）列举所有表，使用“list”命令，代码如下：

```
hbase (main) : 005:0 >list
TABLE
t1
t2
t3
```

ⅲ）查看表的信息，使用“desc”命令，代码如下：

```
hbase (main) : 006:0 >desc 't1'
Table t1 is ENABLED
t1
COLUMN FAMILIES DESCRIPTION
{NAME => 'f1', BLOOMFILTER => 'ROW', VERSIONS => '1', IN_MEMORY => 'false',
KEEP_DELETED_CELLS => 'FALSE', DATA_BLOCK_ENCODING => 'NONE', TTL => 'F
OREVER', COMPRESSION => 'NONE', MIN_VERSIONS => '0', BLOCKCACHE => 'true', BLOCKSIZE
=> '65536', REPLICATION_SCOPE => '0'}
```

ⅳ）修改表结构。

添加一个列族，代码如下：

```
hbase (main) : 007:0 >alter 't1',NAME=>'f2'
```

```
hbase (main) : 008:0 >desc 't1'
Table t1 is ENABLED
t1
COLUMN FAMILIES DESCRIPTION
{NAME => 'f1', BLOOMFILTER => 'ROW', VERSIONS => '1', IN_MEMORY => 'false', KEEP_DELETED_CELLS => 'FALSE', DATA_BLOCK_ENCODING => 'NONE', TTL => 'F
OREVER', COMPRESSION => 'NONE', MIN_VERSIONS => '0', BLOCKCACHE => 'true', BLOCKSIZE => '65536', REPLICATION_SCOPE => '0'}
{NAME => 'f2', BLOOMFILTER => 'ROW', VERSIONS => '1', IN_MEMORY => 'false', KEEP_DELETED_CELLS => 'FALSE', DATA_BLOCK_ENCODING => 'NONE', TTL => 'F
OREVER', COMPRESSION => 'NONE', MIN_VERSIONS => '0', BLOCKCACHE => 'true', BLOCKSIZE => '65536', REPLICATION_SCOPE => '0'}
```

删除一个列族，代码如下：

```
hbase (main) : 009:0 >alter 't1',NAME=>'f2',METHOD=>'delete'
hbase (main) : 010:0 >desc 't1'
Table t1 is ENABLED
t1
COLUMN FAMILIES DESCRIPTION
{NAME => 'f1', BLOOMFILTER => 'ROW', VERSIONS => '1', IN_MEMORY => 'false', KEEP_DELETED_CELLS => 'FALSE', DATA_BLOCK_ENCODING => 'NONE', TTL => 'F
OREVER', COMPRESSION => 'NONE', MIN_VERSIONS => '0', BLOCKCACHE => 'true', BLOCKSIZE => '65536', REPLICATION_SCOPE => '0'}
```

或者执行如下命令：

```
hbase (main) : 011:0 >alter 't1','delete'=>'f2'
```

v）判断表是否存在，使用“exists”命令，代码如下：

```
hbase(main):012:0> exists 't1'
Table t1 does exist
```

vi）判断表是否禁用，使用“is_disabled”命令，判断表是否启用，使用“is_enabled”命令，代码如下：

```
hbase(main):013:0>is_disabled 't1'
false
hbase(main):014:0>is_enabled 't1'
true
```

vii）删除表，使用“drop”命令，代码如下：

```
hbase (main) : 015:0 >drop 't1'
ERROR: Table t1 is enabled. Disable it first.
```

删除表之前，需要先禁用表，然后再删除，代码如下：

```
hbase (main) : 016:0 >disable 't1'
hbase (main) : 017:0 >drop 't1'
```

②表中数据的操作。

首先创建一张表 student，该表含有 2 个列族（info 和 score），代码如下：

```
hbase (main) : 018:0 >create 'student','info','score'
```

i ）插入数据，使用“put”命令，代码如下：

```
hbase (main) : 019:0 >put 'student','001','info:name','zs'
```

其中，student 为表名，001 为行键，info:name 为 info 列族中的 name 列，zs 为该列的值。

插入数据，代码如下：

```
hbase (main) : 020:0 >put 'student','001','info:age','19'
```

其中，student 为表名，001 为行键，info:age 为 info 列族中的 age 列，19 为该列的值。

插入数据，代码如下：

```
hbase (main) : 021:0 >put 'student','001','score:chinese','90'
```

其中，student 为表名，001 为行键，score:chinese 为 score 列族中的 chinese 列，90 为该列的值。

我们可以发现，上述 3 条语句实质上属于同一个行键（001），而列是可以动态增加的，不同行的列可以不一样。

为了便于后续操作，我们提前插入一批数据，代码如下：

```
hbase(main):022:1> put 'student','001','info:name','zs'
hbase(main):023:1> put 'student','001','info:age','19'
hbase(main):024:1> put 'student','001','score:chinese','90'
hbase(main):025:1> put 'student','002','info:name','ls'
hbase(main):026:1> put 'student','002','info:age','20'
hbase(main):027:1> put 'student','002','score:chinese','80'
hbase(main):028:1> put 'student','002','score:maths','80'
hbase(main):029:1> put 'student','002','score:english','70'
hbase(main):030:1> put 'student','003','info:name','ww'
hbase(main):031:1> put 'student','003','info:age','21'
hbase(main):032:1> put 'student','003','info:sex','male'
hbase(main):033:1> put 'student','003','score:chinese','100'
hbase(main):034:1> put 'student','003','score:english','60'
```

ii ）查询数据条数，使用“count”命令，代码如下：

```
hbase (main) : 035:0 >count 'student'
3
```

iii）查询数据，使用“get”命令或“scan”命令。

使用“scan”命令扫描整个表的数据，代码如下：

```
hbase (main) : 036:0 >scan 'student'
ROW                                    COLUMN+CELL
 001                                  column=info:age, timestamp=1596111495307, value=19
 001                                  column=info:name, timestamp=1596111480919, value=zs
```

```
  001                                    column=score:chinese, timestamp=1596111501891, value=90
  002                                    column=info:age, timestamp=1596111511284, value=20
  002                                    column=info:name, timestamp=1596111506455, value=ls
  002                                    column=score:chinese, timestamp=1596111515586, value=80
  002                                    column=score:english, timestamp=1596111524779, value=70
  002                                    column=score:maths, timestamp=1596111520010, value=80
  003                                    column=info:age, timestamp=1596111533960, value=21
  003                                    column=info:name, timestamp=1596111529191, value=ww
  003                                    column=info:sex, timestamp=1596111538488, value=male
  003                                    column=score:chinese, timestamp=1596111542673, value=100
  003                                    column=score:english, timestamp=1596111546953, value=60
3 row(s) in 1.1290 seconds
```

可以看到整个表的数据都被查询出来了。这个命令不建议使用，因为实际工作中的数据量通常比较大。

使用“scan”命令扫描整个表的某个列族的数据，代码如下：

```
hbase (main) : 037:0 >scan 'student',{COLUMNS=>'info'}
ROW                                       COLUMN+CELL
 001                                     column=info:age, timestamp=1596111495307, value=19
 001                                     column=info:name, timestamp=1596111480919, value=zs
 002                                     column=info:age, timestamp=1596111511284, value=20
 002                                     column=info:name, timestamp=1596111506455, value=ls
 003                                     column=info:age, timestamp=1596111533960, value=21
 003                                     column=info:name, timestamp=1596111529191, value=ww
 003                                     column=info:sex, timestamp=1596111538488, value=male
3 row(s) in 0.1600 seconds
```

可以看到整个表的 info 列族的数据都被查询出来了。这个命令同样不建议使用。

当然，使用“scan”命令还可以再进一步扫描整个表的某个列族的某个列的数据，代码如下：

```
hbase(main):038:0> scan 'student',{COLUMNS=>'info:name'}
ROW                                       COLUMN+CELL
 001                                     column=info:name, timestamp=1596111480919, value=zs
 002                                     column=info:name, timestamp=1596111506455, value=ls
003                                      column=info:name, timestamp=1596111529191, value=ww
scan 按照行键的范围（[STARTROW,STOPROW)左闭右开区间）查找数据，代码如下：
hbase(main):039:0> scan 'student',{STARTROW=>'001',STOPROW=>'003'}
ROW                                       COLUMN+CELL
 001                                     column=info:age, timestamp=1596111495307, value=19
 001                                     column=info:name, timestamp=1596111480919, value=zs
 001                                     column=score:chinese, timestamp=1596111501891, value=90
 002                                     column=info:age, timestamp=1596111511284, value=20
 002                                     column=info:name, timestamp=1596111506455, value=ls
 002                                     column=score:chinese, timestamp=1596111515586, value=80
 002                                     column=score:english, timestamp=1596111524779, value=70
 002                                     column=score:maths, timestamp=1596111520010, value=80
```

此外，使用“scan”命令还可以按照时间戳的范围（左闭右开区间）查找数据，代码如下：

```
hbase(main):040:0> scan 'student',{TIMERANGE=>[1596111480919,1596111524900]}
ROW                                     COLUMN+CELL
 001                                   column=info:age, timestamp=1596111495307, value=19
 001                                   column=info:name, timestamp=1596111480919, value=zs
 001                                   column=score:chinese, timestamp=1596111501891, value=90
 002                                   column=info:age, timestamp=1596111511284, value=20
 002                                   column=info:name, timestamp=1596111506455, value=ls
 002                                   column=score:chinese, timestamp=1596111515586, value=80
 002                                   column=score:english, timestamp=1596111524779, value=70
 002                                   column=score:maths, timestamp=1596111520010, value=80
```

使用“get”命令获取某个行键的信息，代码如下：

```
hbase(main):041:0> get 'student','001'
COLUMN                                  CELL
 info:age                              timestamp=1596111495307, value=19
 info:name                             timestamp=1596111480919, value=zs
 score:chinese                         timestamp=1596111501891, value=90
```

使用“get”命令获取某个行键的某个列族的信息，代码如下：

```
hbase(main):042:0> get 'student','001','info'
COLUMN                                  CELL
 info:age                              timestamp=1596111495307, value=19
 info:name                             timestamp=1596111480919, value=zs
```

使用“get”命令获取某个行键的某个列族的某个列的信息，代码如下：

```
hbase(main):043:0> get 'student','001','info:name'
COLUMN                                  CELL
 info:name                             timestamp=1596111480919, value=zs
```

iv）删除数据，使用“delete”命令。删除某个行键的某个列族的某个列的信息，代码如下：

```
hbase(main):044:0>delete 'student','001','score:chinese'
hbase(main):045:0> get 'student','001'
COLUMN                                  CELL
 info:age                              timestamp=1596111495307, value=19
 info:name                             timestamp=1596111480919, value=zs
```

“delete”命令只能定位到列，不能直接删除列族或一条数据。

v）删除整行数据，使用“deleteall”命令，代码如下：

```
hbase(main):046:0>deleteall 'student','003'
hbase (main):047:0>scan 'student'
ROW                                     COLUMN+CELL
 001                                   column=info:age, timestamp=1596111495307, value=19
 001                                   column=info:name, timestamp=1596111480919, value=zs
```

```
001                          column=score:chinese, timestamp=1596111501891, value=90
002                          column=info:age, timestamp=1596111511284, value=20
002                          column=info:name, timestamp=1596111506455, value=ls
002                          column=score:chinese, timestamp=1596111515586, value=80
002                          column=score:english, timestamp=1596111524779, value=70
002                          column=score:maths, timestamp=1596111520010, value=80
```

vi）更新数据，使用“put”命令，代码如下：

```
hbase(main):048:0>put 'student','001','info:age','20'
hbase(main):049:0> get 'student','001'
COLUMN                       CELL
 info:age                    timestamp=1596112972681, value=20
 info:name                   timestamp=1596111480919, value=zs
```

注意：HBase 没有更新，执行“put”命令后，新数据覆盖了之前的数据。

vii）清空表，使用“truncate”命令，代码如下：

```
hbase (main) : 050:0 >truncate 'student'
```

执行“truncate”命令后，整个表就没有数据了，但是表还存在。

此外，我们还可以通过以下方式查看已建立的 HBase 表 student：使用 HBase 主节点的 Web UI 界面查看已建立的 student 表；使用命令“zkCli.sh”连接 ZooKeeper 客户端，从 ZooKeeper 的存储树中也可以查看已建立的 student 表（如/hbase/table/student）；通过 HDFS Web UI，也可以查看已建立的 student 表（如/hbase/default/student）。

退出 hbase shell，使用“exit”命令，代码如下：

```
hbase (main) : 051:0 >exit
```

4．Neo4j

（1）Neo4j 数据库概述。

Neo4j 是一个用 Java 语言实现的、高性能的、非关系图形数据库，它将结构化数据存储在网络上而不是表中。Neo4j 使用图（graph）的概念描述数据模型，通过图中的节点和节点的关系建模。我们可以把 Neo4j 看作一个具有成熟数据库特点的图引擎。

Neo4j 完全兼容 ACID 的事务性，以“节点空间”表达领域数据，相比于传统的关系型数据库的表、行和列，节点空间可以更好地存储由节点关系和属性构成的网络，如社交网络，朋友圈等。

下面，我们先来了解 Neo4j 数据库的一些基本概念，然后学习如何搭建 Neo4j 数据库的使用环境。

节点：数据实体，包含属性。

属性：包含属性名和属性值。

关系：连接实体的结构域。

图形：由一组节点和连接这些节点的关系组成。

图形数据库：以图形结构存储数据。

（2）Neo4j 数据库的特点。

①拥有与 SQL 相似的语言，即 Neo4j CQL。

②遵循属性图数据模型。

③支持UNIQUE约束。

④包含一个用于执行CQL命令的UI，即Neo4j数据浏览器。

⑤支持完整的ACID（原子性，一致性，隔离性和持久性）规则。

⑥采用原生图形库与本地GPE（图形处理引擎）。

⑦支持查询的数据导出为JSON和XLS格式。

⑧提供了REST API，可以被任何编程语言（如Java、Spring、Scala等）访问。

⑨提供了可以通过任何UI MVC框架（如Node JS）访问的Java脚本。

⑩支持两种Java API（Cypher API和Native Java API）开发Java应用程序。

（3）Neo4j数据库的安装部署。

本书以Neo4j 3.5.17版本为例，介绍Neo4j数据库在CentOS 7环境下的搭建步骤。

①到Neo4j官网下载数据库，进入首页，单击“Get Started”按钮，进入下一页面，单击“Download Neo4j Desktop”按钮，进入下载页面，单击“Download Neo4j Server”按钮，选择“Community Server”选项，单击“Neo4j 3.5.17（tar）”链接下载数据库。

②因为Neo4J需要Java虚拟机（JVM）的支持，而且JDK要求8.0及以上版本，所以先使用“java -version”命令查看当前环境是否安装了JDK，代码如下：

```
[root@master /]# java -version
openjdk version "1.8.0_222-ea"
OpenJDK Runtime Environment (build 1.8.0_222-ea-b03)
OpenJDK 64-Bit Server VM (build 25.222-b03, mixed mode)
```

③使用WinSCP将下载好的安装包上传到CentOS 7中，代码如下：

```
[root@master soft]# ll
-rw-r--r--. 1 root root 133830343 May  5  2020 neo4j-community-3.5.17-unix.tar.gz
……
```

④使用“tar -zxvf neo4j-community-3.5.17-unix.tar.gz”命令解压安装包，代码如下：

```
[root@master soft]# tar -zxvf neo4j-community-3.5.17-unix.tar.gz
[root@master soft]# ll
drwxr-xr-x. 10  111 input      198 Mar 21  2020 neo4j-community-3.5.17
……
```

⑤使用“mv neo4j-community-3.5.17 /usr/local/neo4j”命令修改安装路径，注意修改后的路径可以随意设置，笔者设置的是“/usr/local/neo4j”，代码如下：

```
[root@master soft]# mv neo4j-community-3.5.17 /usr/local/neo4j
[root@master soft]# ll
drwxr-xr-x. 10  111 input 198 Mar 21  2020 neo4j
……
```

⑥使用“cd /usr/local/neo4j/conf”命令进入配置文件所在的目录，代码如下：

```
[root@master local]# cd /usr/local/neo4j/conf
[root@master conf]# ll
-rw-r--r--. 1 111 input 15906 Mar 21  2020 neo4j.conf
```

⑦使用“vi neo4j.conf”命令，编辑配置文件，对文件做如下修改。

i）找到“#dbms.connectors.default_listen_address=0.0.0.0”这行命令，将前面的#去掉。

ii）找到“#dbms.connector.bolt.listen_address=:7687”这行命令，将前面的#去掉。

iii）找到“#ms.connector.http.listen_address=:7474”这行命令，将前面的#去掉。

iv）找到“dbms.security.allow_csv_import_from_file_urls=true”这行命令，将前面的#去掉。

v）保存文件并退出。

⑧开放防火墙相应的端口，这里需要对 7474 和 7687 两个端口进行操作。

i）使用“firewall-cmd --zone=public --permanent --add-port=7474/tcp”命令开放 7474 端口，代码如下：

```
[root@master conf]# firewall-cmd --zone=public --permanent --add-port=7474/tcp
success
```

ii）使用“firewall-cmd --zone=public --permanent --add-port=7687/tcp”命令开放 7687 端口，代码如下：

```
[root@master conf]# firewall-cmd --zone=public --permanent --add-port=7687/tcp
success
```

iii）使用“firewall-cmd --reload”命令重新加载防火墙，代码如下：

```
[root@master conf]# firewall-cmd --reload
success
```

iv）使用“firewall-cmd --list-ports”命令查看端口是否开放成功，代码如下：

```
[root@master conf]# firewall-cmd --list-ports
7474/tcp 7687/tcp
```

⑨进入 bin 目录，使用“./neo4j start”命令，启动 Neo4j 服务，代码如下：

```
[root@master bin]# ./neo4j start
Active database: graph.db
Directories in use:
  home:         /usr/local/neo4j
  config:       /usr/local/neo4j/conf
  logs:         /usr/local/neo4j/logs
  plugins:      /usr/local/neo4j/plugins
  import:       /usr/local/neo4j/import
  data:         /usr/local/neo4j/data
  certificates: /usr/local/neo4j/certificates
  run:          /usr/local/neo4j/run
Starting Neo4j.
WARNING: Max 1024 open files allowed, minimum of 40000 recommended. See the Neo4j manual.
Started neo4j (pid 5411). It is available at http://0.0.0.0:7474/
There may be a short delay until the server is ready.
See /usr/local/neo4j/logs/neo4j.log for current status.
```

Neo4j 服务器启动成功。

⑩客户端访问。打开浏览器，输入“http://服务器 ip 地址:7474/browser/”，即可进入 Neo4j

登录界面，如图 10-3 所示。

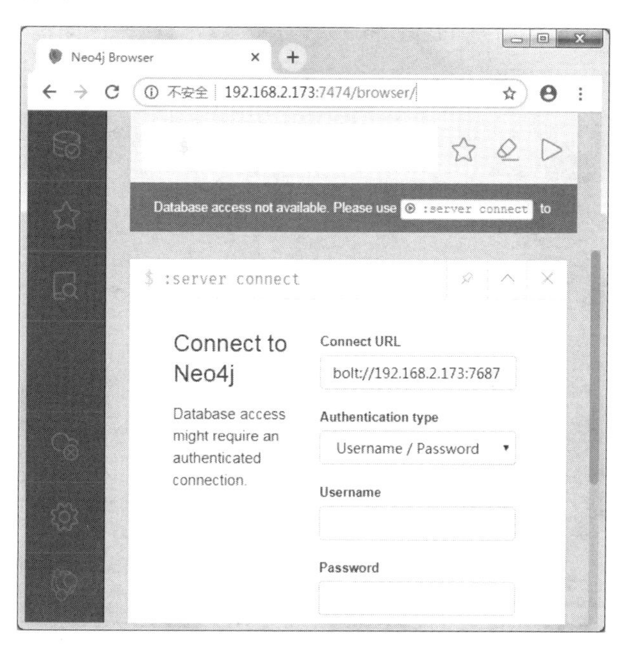

图 10-3　Neo4j 登录界面

⑪输入用户名和密码，初始用户名和密码均是“neo4j”，首次登录后会自动进入修改密码页面，密码修改后会进入首页，如图 10-4 所示。

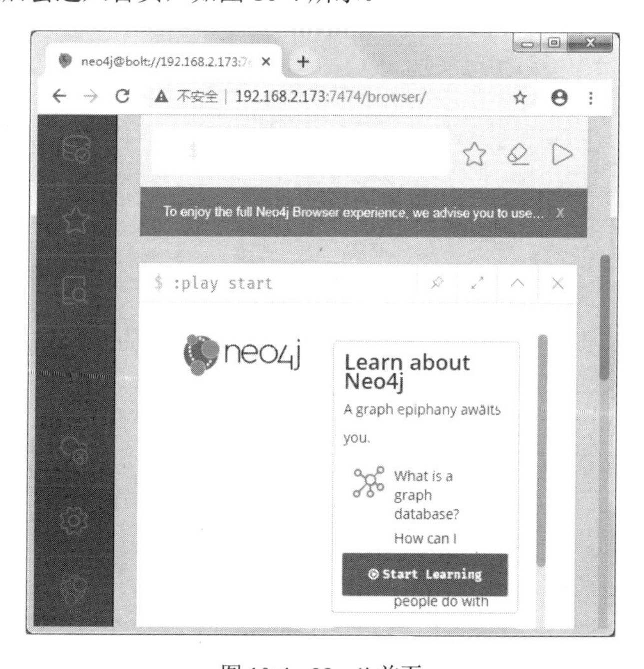

图 10-4　Neo4j 首页

（4）Neo4j 数据库的基本操作。

①使用“create(p:Person{name:"mary",age:18})”命令创建一个图节点，p 表示创建的节

点名称（相当于 Java 中的对象名），Person 是该节点的标签名称（便于分组和检索），标签名可以有多个，name 和 age 是节点的属性名，冒号后紧跟属性值，如图 10-5 所示。

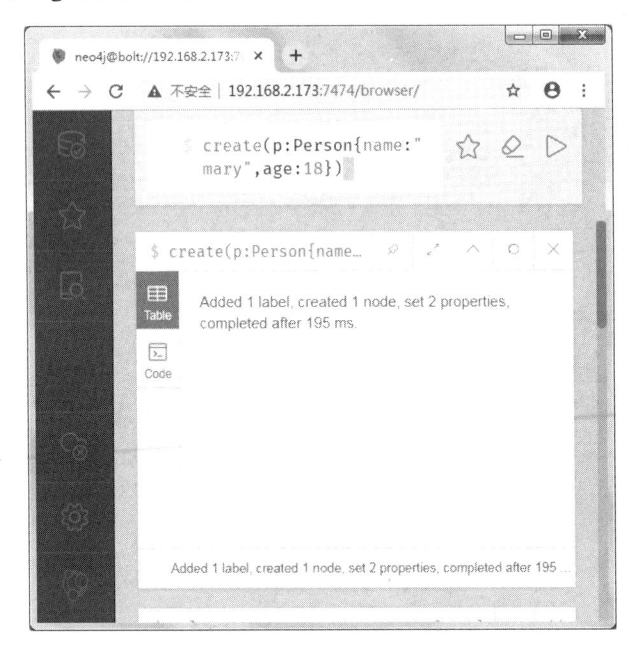

图 10-5　创建一个图节点 p

“CREATE”命令的完整语法如下：

```
CREATE (
    <node-name>:<label-name>
    {
        <Property1-name>:<Property1-Value>
        ........
        <Propertyn-name>:<Propertyn-Value>
    }
)
```

<node-name>是节点名，<label-name>是节点标签名，<Property1-name>:<Property1-Value>是属性名和属性值组成的键值对。

②使用“match(p:Person) return p”命令查询并返回节点，如图 10-6 所示。

“MATCH”命令用于从数据库获取有关节点和属性的数据，也可以获取关系和属性的数据。其完整语法如下：

```
MATCH
(
    <node-name>:<label-name>
)
```

注意，不能单独使用“MATCH”命令，因此上面的示例中用了“return p”命令返回整个节点。后面我们还会看到其他组合。

③使用 ID（节点名）方法获取图节点的 id 值，如图 10-7 所示。

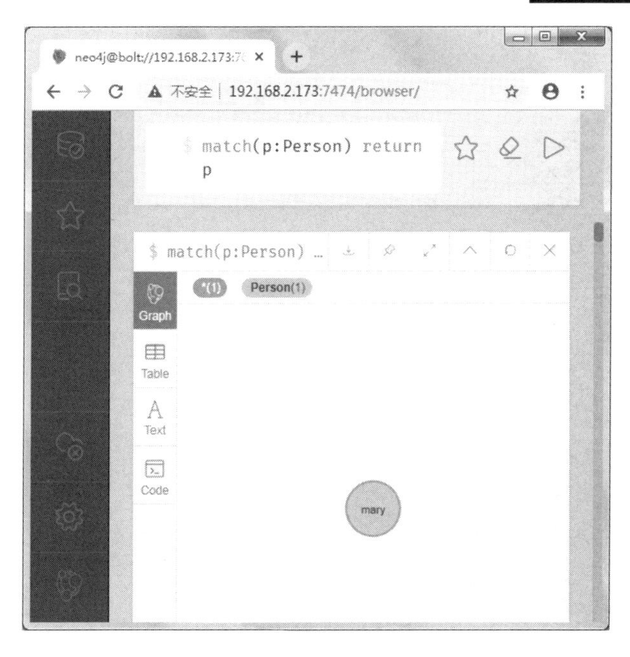

图 10-6 查询并返回节点

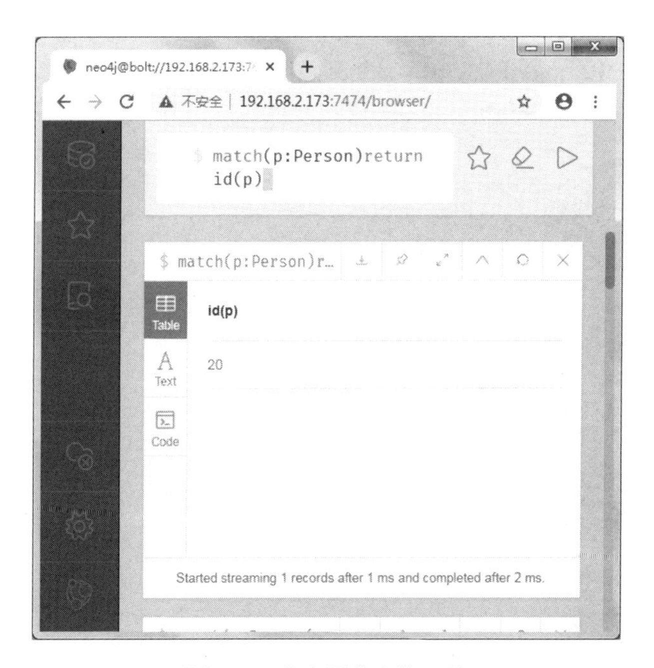

图 10-7 获取图节点的 id 值

④使用“match(p:Person) where id(p) =_id 值 set 对象名.属性名=属性值”命令修改数据，如图 10-8 所示，注意，此处和关系型数据库的修改操作相同，如果不指定 id，则会修改所有的对象属性。

图 10-8　修改图节点 p 的 name 属性值

⑤使用“match(p:Person) delete p”命令删除图节点，如图 10-9 所示。

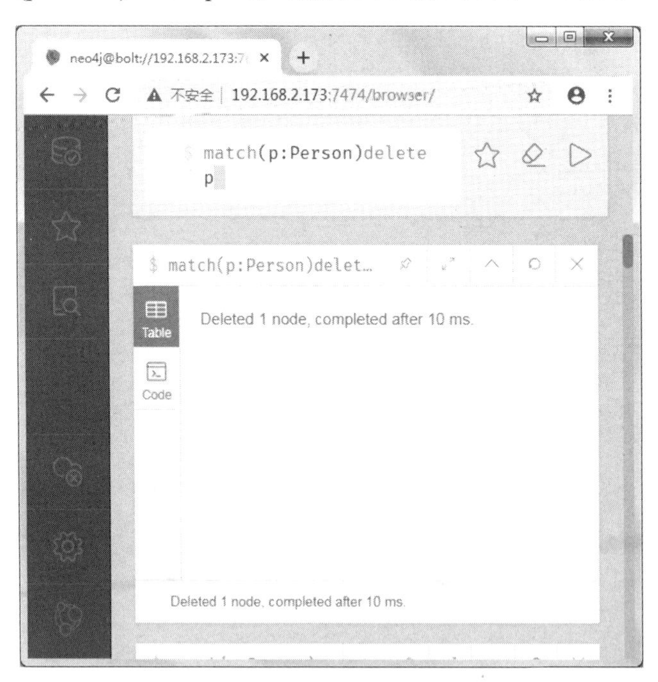

图 10-9　删除图节点 p

根据第②步，查看删除后的结果。

（5）关系的创建。

Neo4j 数据库遵循属性图模型来存储和管理数据，节点之间存在一定的关系，该关系是定向的，主要分为以下两种类型。

①单向关系。

②双向关系。

使用"→"表示两个节点之间的关系，前一个节点被称为从节点（From Node），后一个节点被称为到节点（To Node）。

创建两个节点：客户节点（Customer）和信用卡节点（CreditCard）。

其中，客户节点包含 id、姓名两个属性。信用卡节点包含 id、num、cvvCode 三个属性。

客户与信用卡的关系：use_card。

具体操作步骤如下。

i ）创建客户节点和信用卡节点，代码如下：

```
CREATE (c:Customer{id:"1001",name:"Lucy"})
CREATE (cc:CreditCard{id:"2001",num:"1234",cvvCode:"111"})
```

ii ）创建关系语法如下：

```
create(<node1-name>:<label1-name>)-
[<relationship-name>:<relationship-label-name>]
->(<node2-name>:<label2-name>)
```

简化记忆为()-[]->()，圆括号内为“节点名:节点标签名”，方括号内为“关系名:关系标签名”。关系参数如表 10-3 所示。

表 10-3　关系参数

名　称	说　明
create	创建关系关键字
<node1-name>	From 节点名称
<node2-name>	To 节点名称
<label1-name>	From 节点标签名称
<label2-name>	To 节点标签名称
<relationship-name>	关系名称
<relationship-label-name>	关系标签名称

给已存在的节点创建关系的语法如下：

```
match(<node1-name>:<label1-name>), (<node2-name>:<label2-name>)
create(<node1-name>)-[<relationship-name>:<relationship-label-name>]->( <node2-name>)
return<relationship-name>
```

给已经存在的节点 c 和 cc 创建 use_card 关系，代码如下：

```
match(c:Customer), (cc:CreditCard)
create(c)-[r: use_card]->(cc)
return r
```

得到如图 10-10 所示的节点关系图。

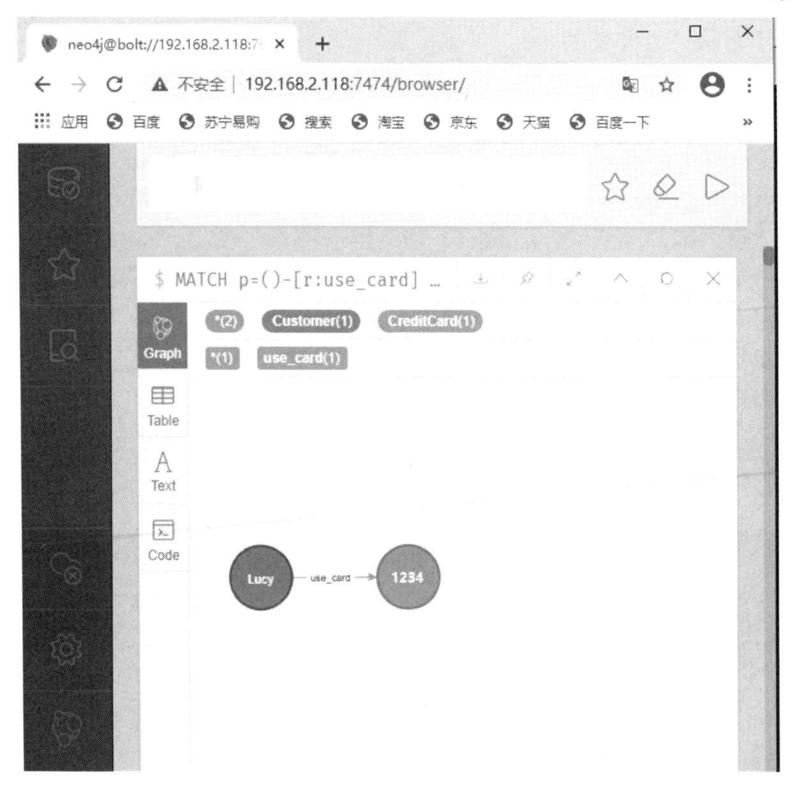

图 10-10　节点关系图

如果想实现双向关系，只需调整 From 节点和 To 节点的位置，并重命名关系即可。

至此，Neo4j 数据库的环境搭建及基本操作介绍完毕。

10.3 本章小结

本章主要介绍了四个典型的 NoSQL 数据库（MongoDB、Redis、HBase、Neo4J）的基本概念、环境搭建，以及增、删、改、查等基本操作，要点如下。

（1）列举了当前主流 NoSQL 数据库的基本特点，详情见表 10-1。

（2）BSON 是一种类似 JSON 的二进制存储格式，支持内嵌的文档对象和数组对象；BSON 可以作为网络数据交换的一种形式，它有三个特点：轻量性、可遍历性、高效性。

（3）MongoDB 数据库是一种基于分布式文件存储的数据库，是一种介于关系型数据库和非关系型数据库之间的产品，是非关系型数据库当中功能最丰富，最像关系型数据库的一种数据库，其特点是高性能、易部署、易使用，存储数据非常方便。

（4）在 MongoDB 中，使用“insert”命令插入数据，使用“find”命令查找数据，使用“update”命令修改数据，使用“remove”命令删除数据。

（5）Redis 即远程字典服务，是一个完全开源的，高性能的 key-value 数据库，其特点如下。

①Redis 数据是存在内存中的，因此读写速度非常快，被广泛应用于缓存。

②Redis 也支持数据的持久化，可以将内存中的数据保存在磁盘中。

③丰富的数据类型，包括 string、list，set，zset，hash 等数据类型。

（6）在 Redis 中，使用“set”命令添加和修改数据，使用“get”命令获取数据，使用“del”命令删除数据。

（7）HBase 是一个可靠性高、性能好、可以进行列存储、可以伸缩、可以实时读写的分布式数据库系统，是 Hadoop 生态系统的重要组成部分之一。

（8）HBase 主要依靠横向扩展，通过不断增加廉价的商用服务器，来增加计算和存储能力，其目标是使用普通的硬件配置，就能够处理成千上万的大型数据。

（9）HBase 的特点如下。

①仅能通过行键（Row key）和行键的范围（Range）来检索数据。

②查询数据功能很简单，不支持 join 等复杂操作。

③不支持复杂的事务，只支持行级事务。

④HBase 支持的数据类型：byte[]（底层所有数据都是字节数组）。

⑤主要用来存储结构化和半结构化的松散数据。

（10）在 HBase 中，使用“put”命令插入和修改数据，使用“get”命令获取数据，使用“delete”命令删除数据。

（11）Neo4j 是一个用 Java 语言实现的、高性能的、非关系图形数据库，它将结构化数据存储在网络上而不是表中。Neo4j 完全兼容 ACID 的事务性，以“节点空间”表达领域数据。

（12）Neo4j 中的节点表示数据实体，包含属性。属性包含属性名和属性值，关系包含连接实体的结构域，图形表示由一组节点和连接这些节点的关系组成。

（13）在 Neo4j 中，使用“create”命令创建节点和关系，使用“match…return”命令获取节点数据，使用“match…set”命令修改数据，使用“match…delete”命令删除数据。

另外，通过本章的学习，读者朋友们可以扩展学习以下内容。

- 搭建分布式 HBase 数据库。
- 搭建 Hadoop 集群，运用 HBase 数据库。
- 使用数据库支持的开发语言连接数据库。

10.4 本章练习

单选题

（1）下列选项中，不是 NoSQL 数据库的特点的是（　　）。

A．NoSQL 不支持 SQL 语法　　B．NoSQL 有一个统一的标准语言

C．NoSQL 易扩展　　D．NoSQL 数据库性能高

（2）下列选项中，不是 MongoDB 数据库的特点的是（　　）。

A．高性能　　B．易部署　　C．易使用　　D．易恢复

（3）下列选项中，不是 Redis 数据库的特点的是（　　）。

A．Redis 数据类型单一　　B．Redis 支持数据的持久化

C．Redis 提供多种数据的储存结构　　D．Redis 的数据是存在内存中的

（4）下列关于 HBase 的描述中，错误的是（　　）。

A．HBase 是一个开源的分布式数据库　　B．HBase 不支持复杂的事务

C．HBase 和 Hadoop 是相互独立的　　D．HBase 是高可靠、面向列、可伸缩的

（5）下列概念中，不属于 HBase 数据库的是（　　）。

A．行键　　B．列族　　C．单元格　　D．图形

（6）下列关于 Neo4j 的描述中，错误的是（　　）。

A．Neo4j 是一个图形数据库　　B．Neo4j 完全兼容 ACID 的事务性

C．Neo4j 擅长应用于分布式系统　　D．Neo4j 将结构化数据存储在网络上

（7）在 MongoDB 数据库中，用于显示当前所有数据库的命令是（　　）。

A．list　　B．showdbs　　C．show database　　D．showdb

（8）下列选项中，不属于 Redis 数据库操作命令的是（　　）。

A．set key value　　B．get key　　C．del key　　D．put key

（9）下列选项中，不属于 Neo4j 数据库关键字的是（　　）。

A．select　　B．create　　C．return　　D．match

附录A

部分练习参考答案及解析

第1章　数据库概述

单选题

（1）【答案】　B

【解析】　数据库管理系统是一个系统软件，它位于操作系统和应用软件之间，主要提供数据定义功能，数据操作功能，数据库的运行管理功能，数据组织、存储与管理功能，数据库保护功能，数据库维护功能。

（2）【答案】　C

【解析】　数据库管理系统提供数据操作语言（Data Manipulation Language，DML），用户可以使用DML操纵数据实现对数据库的基本操作，如增加、删除、修改、查询等操作。

（3）【答案】　C

【解析】　数据库管理系统包含三个阶段：第一阶段，层次型数据库管理系统、网状数据库管理系统；第二阶段，关系数据库管理系统；第三阶段，面向对象数据库管理系统。

（4）【答案】　A

【解析】　数据库管理系统提供数据保护功能，通过四个方面来实现：数据库的恢复、数据库的并发控制、数据库的完整性控制、数据库的安全性控制。

（5）【答案】　D

【解析】　数据库管理系统提供数据维护功能，包括数据库的数据载入、转换功能，数据库的转储、恢复功能，数据库重组织功能及性能监视、分析功能等，这些功能分别由各应用程序来完成。

（6）【答案】　D

【解析】　关系型数据有以下四个特点：

①数据结构化；

②数据的共享性高，冗余度低，容易扩充；

③数据独立性高；

④数据由DBMS统一管理和控制。

只有选项D属于非关系型数据库的特点。

（7）【答案】　B

【解析】 Oracle、MySQL、SQL Server 是关系型数据库，HBase 属于非关系型数据库。

（8）【答案】 C

【解析】 SQL 语言包括以下三个部分：

①数据定义语言（DataDefinitionLanguage，DDL），用于对数据库中表、视图、索引、同义词、聚簇等对象进行定义；

②数据操作语言（DataManipulationLanguage，DML），用于对数据库中的数据进行增加、删除、更新、查询操作；

③数据控制语言（Data Control Language，DCL），用于提供数据库控制功能，对数据访问进行权限控制等。

第 2 章 MySQL 的安装与使用

单选题

（1）【答案】 B

【解析】 初始化使用“mysqld”命令，该命令与“initialize”之间有一个空格和两个“-”符号。

（2）【答案】 A

【解析】 在 Linux 中使用“service”命令操作服务，其格式为“service+服务名+动作”，防火墙的服务名叫 firewalld，故答案选 A。

（3）【答案】 D

【解析】 MySQL 服务的名称被称为 mysql-server，安装该服务使用“install”命令，因此本题答案选 D。

（4）【答案】 B

【解析】 和第（2）题一样，在 Linux 中使用“service”命令操作服务，其格式为“service+服务名+动作”，即 service mysqld start。

（5）【答案】 C

【解析】 登录 MySQL 使用“mysql”命令，其基本格式有两种：“mysql –u 用户名 –p 密码”及“mysql --user --password”。当使用 user 和 password 全称时，前面有两个“-”符号，故本题答案选择 C。

（6）【答案】 A

【解析】 命令格式为“service+服务名+动作”，MySQL 服务名为 mysqld，重启命令为 restart。

（7）【答案】 B

【解析】 端口的取值范围是 1～65535，其中 1～1023 已经分配给了一些常用的系统应用程序。1024～65535 为用户端口，除部分端口分配给特点服务外，其他端口都可以自定义使用。本题中的 3306 是 MySQL 服务的默认端口，8080 是 http 网页默认端口，而 C 和 D 选项是自定义端口。

（8）【答案】 A

【解析】 /var/lib/mysql/是 MySQL 的安装目录，MySQL 数据库的数据存放目录是/mysql/data/。

第 3 章 单表查询

单选题

（1）【答案】 C

【解析】 CHAR 和 VARCHAR 属于 MySQL 数据库中的字符串类型，其中 CHAR 表示固定长度字符串，而 VARCHAR 表示长度可变字符串；INT 是 MySQL 数据库中的整数类型；STRING 不属于 MySQL 数据库中的数据类型。

（2）【答案】 A

【解析】 CHAR 和 VARCHAR 属于 MySQL 数据库中的字符串类型，其中 CHAR 表示固定长度字符串，而 VARCHAR 表示长度可变字符串。

（3）【答案】 D

【解析】 SQL 对大小写不敏感，因此 SELECT 和 select 是一个意思；“/”和 DIV 都表示做除法，但是它们的结果不同，“/”得到的结果保留小数部分，而 DIV 不保留小数部分；select 子句后面可以直接跟表达式进行 sql 运算，如 select 5 / 2，故本题答案选 D。

（4）【答案】 B

【解析】 本题主要考察对别名的使用，当别名中使用了空格或一些特殊字符（如#、&、-等）时，则需要把别名放在双引号中，故本题答案选 B。

（5）【答案】 B

【解析】 当 limit 关键字包含两个参数的时候，第一个参数表示起始行行数，第二个参数表示每次显示的行数，例如，limit *m*,*n* 表示从第 *m* 行开始，每次显示 *n* 行记录。

（6）【答案】 A

【解析】 SQL 语句中的排序子句是 ORDER BY，后面可以跟 ASC（升序）或 DESC（降序）对结果进行排序，如果不写 ASC 或 DESC，则默认升序排序。

（7）【答案】 A

【解析】 在使用 GROUP BY 的时候，查询的字段要么是 GROUP BY 后面的字段，要么是其他列的聚合统计，不能使用*。WHERE 和 HAVING 虽然都表示条件，但是 HAVING 用在有 GROUP BY 的 SQL 语句中，且可以和 WHERE 同时出现。

（8）【答案】 C

【解析】 表示条件的子句是 WHERE 和 HAVING 子句，其中 HAVING 子句跟在 GROUP BY 子句后进行结果筛选。

（9）【答案】 B

【解析】 xor 表示异或，只满足其中一个条件，A 选项的结果是‘ZWE’的信息或‘ZMB’城市的信息；C 选项表示同时满足 countrycode = 'ZWE' and countrycode = 'ZMB'，结果为空；between … and 关键字表示的是一个区间，故选 B，in 表示的是只要满足其中的条件即可。

（10）【答案】 D

【解析】 HAVING 字句是对 GROUP BY 子句的条件筛选，因此该子句在 GROUP BY 子句后面，ORDER BY 子句用于对结果进行排序，故放在最后，故结果是先有 WHERE，然后有 GROUP BY，接着有 HAVING，最后有 ORDER BY，本题答案选 D。

（11）【答案】 C

【解析】 同第（10）题解析，故完整的 SQL 语句是 select countrycode,sum(population) from city where id > 100 group by countrycode having sum(population) > 100000000。

第 4 章　MySQL 常用内置函数

单选题

（1）【答案】 C

【解析】 upper()函数用于将输入的字符串转换为大写，concat()函数用于连接两个字符串，length()函数用于计算字符串的长度，选项 C 是开平方函数。

（2）【答案】 B

【解析】 ceil(num)函数，表示返回大于 num 的最小整数，因此大于 10.9 的最小整数是 11。

（3）【答案】 A

【解析】 floor(num)函数，表示返回小于 num 的最大整数，因此小于 10.9 的最大整数是 10。

（4）【答案】 A

【解析】 datediff(date1, date2)函数用于返回两个日期（date1 和 date2）间隔的天数，因此答案是 21 天，选 A。

（5）【答案】 D

【解析】 同上，如果 date1 小于 date2，则返回负数，答案是-9，选 D。

（6）【答案】 B

【解析】 在日期时间格式中，%Y 表示 4 位数的年份，%m 表示 2 位数的月份，%d 表示 2 位数的日期，显示格式由“-”连接，因此答案选 B。

（7）【答案】 C

【解析】 cast()函数在转换为整型数值时，如果遇到无法识别的字符则停止转换，只返回能正常识别的部分，遇到“a”停止转换，返回“a”之前的“12”，答案选 C。

（8）【答案】 D

【解析】 在 if(expr,value1,value2)函数中，如果 expr 为真，则返回 value1，否则返回 value2。当 a=3 时，表达式不成立，返回结果为 false。

（9）【答案】 B

【解析】 sum()函数用于对多行进行求和，avg()函数用于求多行的平均值，count()函数用于统计多行结果中的行数，而 round()函数用于对某个数进行四舍五入运算，答案选 B。

（10）【答案】 D

【解析】 默认情况下，多行函数会统计重复值，不会自动去除重复值；对分组进行条件过滤使用 HAVING 关键字；使用组函数时，SELECT 子句后的字段只能是分组的字段，因此答案选 D。

第5章 多表查询

单选题

（1）【答案】 A

【解析】 进行等值连接的字段可以是表中的任意字段，即使连接字段的类型不同也可以进行连接（查询结果为空），利用表别名可以实现表与自己连接，这种连接方式被称为自连接；如果在进行等值连接的多张表中出现相同的字段，则查询结果会将相同的字段都显示出来，不会去掉重复列。

（2）【答案】 C

【解析】 在C选项中，给city取别名c，在查询结果中需要使用别名进行字段指定，应改为“select c.name from city c”。

（3）【答案】 D

【解析】 当进行等值连接的字段，其字段名与数据类型完全相同时，我们将该等值连接称为自然连接。因此等值连接和自然连接是有区别的，进行自然连接使用的关键字是natural join。

（4）【答案】 B

【解析】 等值连接的字段名可以不同，但值相同时仍然有结果显示，而自然连接返回的结果为空；进行自然连接时，如果结果出现重复列，则会自动去掉；用using进行连接时，里面的字段必须在各表中都存在，即参与连接的字段必须相同；而使用on连接可以不相同。

（5）【答案】 C

【解析】 join和inner join均表示内连接，natural join表示自然连接，left join表示左连接，right join表示右连接。

（6）【答案】 A

【解析】 A选项表示不等于，只能对单行进行操作。

（7）【答案】 D

【解析】 使用on进行连接时，on里面需要用“表名1.字段名1=表名2.字段名2”的形式进行连接。

（8）【答案】 B

【解析】 查询的是城市信息，因此，外层SQL语句比较明确，就是“select * from city”，而t条件分两部分，其中一部分条件是countrycode<>'VIR'，另外一部分就是查询出“VIR”这个国家所有城市的人口数量：即select population from city where countrycode='VIR'，最后利用any关键子完成多行查询，因此答案选B。

第6章 DML、TCL和DDL

单选题

（1）【答案】 B

【解析】 DML 由三部分组成，包含 INSERT 语句、UPDATE 语句及 DELETE 语句。

（2）【答案】 C

【解析】 插入数据的 SQL 语句语法为“insert into 表名(字段 1,……,字段 *n*) values(字段值 1,……,字段值 *n*)”，其中表名后面的字段名可以省略，因此答案选 C。

（3）【答案】 A

【解析】 MySQL 事务的四大特征：原子性（Atomicity）、一致性（Consistency）、隔离性（Isolation）、持续性（Durability），所以答案选 A。

（4）【答案】 A

【解析】 select 是查询数据关键字，所以答案选 A。

（5）【答案】 D

【解析】 事务并发是指多个事务同时对同一个数据进行操作。并发事务未做到隔离性，会带来以下问题：脏读、不可重复读、幻读。

（6）【答案】 B

【解析】 幻读是指在同一个事物中，以同样的条件进行范围查询，两次获得的记录数不一样。

（7）【答案】 C

【解析】 为了防止上述问题，我们要对事务进行隔离。事务隔离有四个级别：未提交读（READ-UNCOMMITED）、提交读（READ COMMITED）、可重复读（REPEATABLE READ）、可串行化（SERIALIZABLE）。

（8）【答案】 D

【解析】 大多数据库系统的默认级别是提交读（READ COMMITED），而 MySQL 的默认隔离级别是可重复读（REPEATABLE READ）。

（9）【答案】 C

【解析】 数据库设计好坏的判断标准就是看数据表满足了第几范式，而一般情况下数据表只要满足前三个范式即可。

（10）【答案】 A

【解析】 UNIQUE 表示唯一约束，NOT NULL 表示非空约束，PRIMARY KEY 表示主键约束，DEFAULT 表示默认约束。

（11）【答案】 B

【解析】 完整性约束分为 4 类：实体完整性约束、域完整性约束、参照完整行约束、用户自定义完整性约束。参照完整行约束是指多表之间的对应关系，在一张表中执行数据插入、更新、删除等操作时，DBMS 都会与另一张表进行对照，避免不规范的操作，以确保数据存储的完整性，如外键约束。

第 7 章　其他数据库对象

单选题

（1）【答案】 B

【解析】 在 MySQL 中，一条语句结束的默认符号是“；”，而如果想自定义该符号，则使用 delimiter 关键字，语法为“delimiter 符号”。

（2）【答案】　A

【解析】　在 MySQL 中，自定义函数使用 declare 声明变量。

（3）【答案】　D

【解析】　创建存储过程使用的基本语法为“create procedure 存储过程名([IN|OUT|INOUT] 参数名　数据类型)”，共有三种参数类型：IN，OUT，INOUT。如果不写参数类型，则默认为 in。

（4）【答案】　C

【解析】　function 用于定义函数，cursor 用于定义游标，trigger 用于定义触发器，procedure 用于定义存储过程。

（5）【答案】　D

【解析】　定义触发器时，需要指定 trigger_event 参数，该参数表示触发事件，包括取值 INSERT（插入）、UPDATE（更新）、DELETE（删除）三类，因此答案选 D。

（6）【答案】　B

【解析】　delimiter 用于定义结束符，第一句表示设置结束符为“&”，datediff()函数用于比较两个日期的大小，procedure 表示定义存储过程，其参数类型有三种，其中 in 可以省略，因此答案选 B。

（7）【答案】　A

【解析】　使用视图主要为了方便数据查询，同时为了提高数据操作效率，增加安全性，因此答案选 A。

（8）【答案】　B

【解析】　视图的主要作用是查询数据，提升查询的效率；而对视图的操作也会对源表中对应的字段起效果，因为视图中的字段来自源表，是一张虚拟的表，所以答案选 B；

（9）【答案】　C

【解析】　MySQL 没有直接创建序列的关键字，只能通过创建存放序列的表来实现；创建序列表需要创建如下函数：获取当前值函数、获取下一个值函数，而这些函数都由触发器来调用，因此答案选 C。

（10）【答案】　D

【解析】　在 MySQL 中，常用的索引可以分为三类，分别是普通索引、唯一索引、联合索引，因此答案选 D。

（11）【答案】　B

【解析】　在表中创建索引可以分三种方式：第一种，在建表的时候创建索引，即使用 CREATE TABLE 语句时，使用“index(索引名)”方式；第二种，给已经存在的表中的某字段添加索引，使用“CREATE INDEX 索引名 ON 表名(字段名)”方式给指定字段添加索引；第三种，修改表时创建索引，使用“ALTER TABLE 表名 ADD INDEX 索引名(字段名)”方式给指定字段添加索引，因此答案选 B。

第 8 章 数据库管理基础

单选题

（1）【答案】 D

【解析】 在 MySQL 中，常用的权限表有 user、db、tables_priv、columns_priv 以及 procs_priv。

（2）【答案】 A

【解析】 创建用户的语法为“create user '用户名' [identified by '用户密码']”，密码可以之后设置；删除用户语法为“drop user 用户名@主机名”。

（3）【答案】 B

【解析】 给某个用户授权使用关键字 grant，其语法格式为“grant 权限名称[(列名)][, 权限名称(列名)] on 权限级别 to 用户 [with option]”；撤销权限使用关键字 revoke，其语法格式有两种，第一种为“revoke 权限名称[(列名)] on 权限级别 from 用户”；第二种为“revoke all privileges,grant option from 用户”。

（4）【答案】 C

【解析】 使用 mysqldump 命令对表进行备份的语法格式为“mysqldump [-h 主机名] –u 用户名 –p 密码 database [tables] > 文件名”，因此答案选 C。

（5）【答案】 D

【解析】 A、B、C 选项的说法都不准确，只有 D 选项是正确的，数据库恢复就是在尽可能短的时间内，把数据库恢复到故障发生前的状态。

（6）【答案】 C

【解析】 增量备份是对上次完全备份或增量备份以来改变了的数据进行备份，答案选 C。

（7）【答案】 A

【解析】 使用 mysqldump 命令对表进行备份的语法格式为“mysqldump [-h 主机名] –u 用户名 –p 密码 database [tables] > 文件名”，其中[-h 主机名]和[tables]可以省略，故答案选 A。

（8）【答案】 B

【解析】 mysqldump 是备份命令，mysql 是恢复被破坏的表结构的命令，copy 是复制命令，mysqlbinlog 是二进制日志恢复数据库的命令。

（9）【答案】 C

【解析】 mysqldump 是备份命令，mysql 是恢复被破坏的表结构的命令，copy 是复制命令，mysqlbinlog 是二进制日志恢复数据库的命令。

（10）【答案】 D

【解析】 mysqldump 命令用于备份数据库，mysqladmin 命令涉及数据库管理操作，mysqlbinlog 是二进制日志恢复数据库的命令，因此答案选 D。

（11）【答案】 D

【解析】 配置完成后，我们主要查看的是 Slave_IO_Running 和 Slave_SQL_Running，如果它们的值都是 Yes，则表示主从环境配置成功，因此答案选 D。

第 9 章　数据库优化

单选题

（1）【答案】　C

【解析】　MySQL 用各种不同的技术将数据存储在文件（或内存）中，这些技术使用不同的存储机制、索引技巧、锁定水平，也提供多样的、不同的功能和能力。通过选择不同的技术，能够获得额外的速度或功能，从而改善应用的整体功能和性能。这些不同的技术以及配套的相关功能在 MySQL 中被称为存储引擎，也被称为表类型。

因此，存储引擎和索引引擎是不一样的，且不能任意创建，它确定了表的类型而不是一张表。

（2）【答案】　A

【解析】　MySQL 数据库提供了多种存储引擎，主要有 InnoDB（5.7 版本默认引擎）、MyISAM、MEMORY、ARCHIVE 等。

（3）【答案】　C

【解析】　使用“show engines\G”命令查看存储引擎时，各参数的含义如下。

- Engine：数据库存储引擎的名称。
- Support：当前是否支持该类引擎。
- Comment：对该数据库引擎的解释说明。
- Transactions：是否支持事务处理。
- XA：是否支持分布式交易处理的 XA 规范。
- Savepoints：是否支持保存点，以便事务进行回滚操作。

（4）【答案】　D

【解析】　InnoDB 和 MyISAM 是用得最多的存储引擎，两者的主要区别如下：InnoDB 支持事务，而 MyISAM 不支持；InnoDB 支持外键，而 MyISAM 不支持；InnoDB 不支持全文索引，而 MyISAM 支持（MySQL 5.6 版本后）；InnoDB 支持行级锁，而 MyISAM 支持表级锁；InnoDB 必须有唯一索引（如主键，用户没有指定的话会产生一个隐藏列 Row_id 充当默认主键），而 MyISAM 可以没有；InnoDB 在自己的缓冲池里缓存数据和索引，而 MyISAM 在自己的缓冲池里仅存放索引，数据则缓存在操作系统缓存中；因此本题答案选 D。

（5）【答案】　D

【解析】　参考第（4）题解析。

（6）【答案】　A

【解析】　随着互联网、大数据技术的兴起，数据量级迅速增加，系统的响应速度成为需解决的最主要的问题之一。对于海量数据，劣质 SQL 语句和优质 SQL 语句之间的速度差别可以达到上百倍。因此，程序员不能停留在只实现功能的水平，还要写出高质量的 SQL 语句，提高查询效率，提升系统性能。

（7）【答案】　C

【解析】　优化已有的 SQL 语句，通常要进行三个步骤：第一，定位待优化的 SQL 语句；第二，分析 SQL 语句的执行效率；第三，给出相应的 SQL 优化方案。

（8）【答案】 B

【解析】 应尽量避免在 where 子句中对字段进行 NULL 值判断，否则将导致引擎放弃使用索引而进行全表扫描；应尽量避免在 where 子句中使用 != 或 <> 操作符，否则搜索引擎将放弃使用索引而进行全表扫描；查询时应避免使用“*”来代表所有字段，应该用具体的字段列表来代替“*”；应尽量避免在 where 子句中对字段进行表达式或函数操作，这会导致搜索引擎放弃使用索引而进行全表扫描，因此本题选 B。

（9）【答案】 B

【解析】 索引既有优点也有缺点，优点如下：

- 提高查询效率；
- 能降低 CPU 的使用率，例如，当我们使用 EmpAge 排序时，如果没有索引，则 MySQL 需要获取所有的 EmpAge，然后进行计算排序；而添加索引后，根据 B+树（MySQL 默认使用 B+树作为索引数据结构）的特点，EmpAge 已经排好了顺序（左小右大）。

索引的缺点如下：

- 索引本身需要占用内存空间，例如，上述给 EmpAge 添加的索引，需要额外的空间来存放 B 树；
- 并不是所有情况都适用索引，少量数据、频繁更新的字段不建议使用索引；
- 索引会降低增、删、改的效率；比如修改操作，在没有使用索引的时候，直接修改值即可；而使用了索引后，不但需要修改值，还要修改对应的 B 树中的值，增加了额外的开销。

第 10 章 NoSQL 数据库入门

单选题

（1）【答案】 B

【解析】 NoSQL 有很多特点，诸如 NoSQL 不支持 SQL 语法、NoSQL 易扩展、NoSQL 数据库性能好、NoSQL 数据库的数据结构灵活等，但是没有一种通用语言，每种 NoSQL 都有自己的语法和 API，因此答案选 B。

（2）【答案】 D

【解析】 MongoDB 数据库的特点是高性能、易部署、易使用，存储数据非常方便，因此答案选 D。

（3）【答案】 A

【解析】 Redis 数据库包括以下特点：Redis 的数据是存在内存中的，因此读写速度非常快、Redis 支持数据的持久化，可以将内存中的数据保存在磁盘中、Redis 提供多种数据储存结构，以及丰富的数据类型，包括 string、list，set，zset，hash 数据类型，因此答案选 A。

（4）【答案】 C

【解析】 HBase 是一个可靠性高、性能好、可以进行列存储、可以伸缩、可以实时读写的分布式数据库系统，是 Hadoop 生态系统的重要组成部分之一，因此答案选 C。

（5）【答案】 C

【解析】 Neo4j 是一个用 Java 语言实现的、高性能的、非关系图形数据库，它将结构化数据存储在网络上而不是表中。Neo4j 拥有与 SQL 相似的语言，即 Neo4j CQL、支持完整的 ACID（原子性，一致性，隔离性和持久性）规则、支持 UNIQUE 约束，因此本题答案选 C。

（6）**【答案】** B

【解析】 MongoDB 数据库显示数据库的命令是“show dbs”。

（7）**【答案】** D

【解析】 在 Redis 数据库中，插入数据和修改数据都使用“set key value”命令，获取数据使用“get key”命令，删除数据使用“del key”命令，因此本题答案选 D。

（8）**【答案】** A

【解析】 Neo4j 是图形数据库，使用 match return 关键字查询结点，create 关键字创建结点，因此本题答案选 A。

参 考 文 献

[1] 李辉. 数据库原理与应用基础（MySQL）[M]. 北京：高等教育出版社，2018.

[2] FORTA B. MySQL 必知必会[M]. 刘晓霞，钟鸣，译. 北京：人民邮电出版社，2008.

[3] 唐汉明，翟振兴，关宝军，等. 深入浅出 MySQL 数据库开发、优化与管理维护[M]. 2 版. 北京：人民邮电出版社，2013.

[4] 黑马程序员. MySQL 数据库原理、设计与应用[M]. 北京：清华大学出版社，2019.

[5] 明日科技. MySQL 从入门到精通[M]. 北京：清华大学出版社，2020.